GEORG HARTMANN

# ERZIEHUNG AUS MENSCHENERKENNTNIS

*Goetheanum-Bücher*

*Begründet zum 100. Geburtstag Rudolf Steiners*

1. *Dr. Hermann Poppelbaum: Entwicklung, Vererbung und Abstammung*
2. *Friedrich Häusler: Weltenwille und Menschenziele in der Geschichte*
3. *Prof. Karl v. Baltz: Rudolf Steiners musikalische Impulse*
4. *Georg Hartmann: Erziehung aus Menschenerkenntnis*
5. *Friedrich Häusler: Geld und Geist*
6. *Dr. Jochen Bockemühl / Dr. Mario Howald-Haller: Naturwissenschaftliche Grundfragen*
7. *Prof. Camille Schneider: Der Weihnachtsbaum und seine Heimat, das Elsaß*
8. *Walther Cloos: Werdende Natur*
9. *Dr. Heinrich Teutschmann: Adalbert Stifters gegenwärtiges Wort.*
10. *Dr. Hans Erhard Lauer: Weltenwort und Menschensprache*

*Die Schriftenreihe wird fortgesetzt.*

# ERZIEHUNG
# AUS
# MENSCHENERKENNTNIS

Vom pädagogischen Impuls
der Anthroposophie Rudolf Steiners

GEORG HARTMANN

Goetheanum-Bücher

Philosophisch-Anthroposophischer Verlag
Goetheanum Dornach / Schweiz

Dritte, erweiterte Auflage 1976



Druck: Buchdruckerei Arlesheim AG
Einband: Buchbinderei Henssler, Basel
ISBN 3 - 7235 - 0178 - 8

## INHALT

## VORWORT ZUR DRITTEN AUFLAGE

Es gab keinen Grund, gegenüber der ersten und zweiten Auflage etwas Wesentliches an dieser Schrift zu ändern.

Da aber der immer bedrohlicher werdende Zerfall der äußeren Zivilisation nur dann aufgehalten werden kann, und der Weg zu einer Erneuerung der Kultur beschritten werden kann, wenn es immer mehr Menschen geben wird, welche sich Gedanken über die Wirklichkeit der geistigen Welt machen und aus diesen Gedanken zu Willenstaten im sozialen Leben kommen, schien es notwendig, noch einen skizzenhaft gehaltenen vorletzten Abschnitt dem Buche einzufügen.

Mit diesem Abschnitt «Der Lehrer als Geistesschüler» ist auf den Erkenntnispfad hingewiesen, den Rudolf Steiner in den Büchern *Wie erlangt man Erkenntnisse der höheren Welten?*, *Theosophie* und *Die Geheimwissenschaft im Umriß* beschrieben hat.

Goetheanum, Johanni 1976 *Georg Hartmann*

## VORWORT ZUR ERSTEN AUFLAGE

In der Reihe der «Goetheanum-Bücher», die zum 100. Geburtstag Rudolf Steiners zu erscheinen beginnt, soll die vorliegende kleine Schrift den pädagogischen Impuls der Anthroposophie behandeln.

Es war nicht die Absicht, eine «Zusammenfassung» der anthroposophischen Pädagogik zu schreiben. Was Rudolf Steiner in über zweihundert pädagogischen Vorträgen und in vielen Konferenzen mit den Lehrern der Freien Waldorfschule in Stuttgart zur Pädagogik gesagt hat, kann und soll nicht auf hundert Seiten referiert werden.

Darum wurde versucht, in mehr aphoristischer Form von den unmittelbaren täglichen Lebensfragen des Erziehens und Unterrichtens so zu sprechen, daß der Blick immer wieder auf die Erkenntnisgrundlagen der Erziehungskunst gerichtet werden kann.

Dornach, März 1961 *Georg Hartmann*

Instinkt ist organ gebunde Weisheit
Intellekt ist eine Seelenfähigkeit

## CHARAKTERISTIK DER GEGENWART

Der unbefangene Beobachter und Beurteiler der gegenwärtigen Menschheitssituation wird, ohne Kritik üben zu wollen, zu der Feststellung kommen müssen, daß unsere Zeit in ganz außergewöhnlichem Umfange alles dasjenige in Frage stellt, was vorangegangenen Geschlechtern als Tradition anerkennenswert und selbstverständlich erschien. Die kleinsten Alltagsfragen des sozialen Lebens werden zum Problem. Es gibt keine «bewährten Formen» mehr zu deren Lösung. Aber die Zeitverhältnisse fordern gebieterisch eine Beantwortung dieser Lebensfragen. Die sozialen Erschütterungen des 20. Jahrhunderts sind nur Symptome für die Unzulänglichkeit der verschiedenen Lösungsversuche.

Die alte instinktive Sicherheit der Lebensführung ist verlorengegangen. Wir wollen diesem Verlust nicht nachtrauern. Es erhöht die Würde des Menschen, wenn der Zeitgeist fordert, daß die Beantwortung der Lebensfragen nicht mehr durch Tradition oder Instinkt geschieht, sondern durch Erkenntnis. Instinkt ist organgebundene Weisheit. Die Menschheit ist durch diese Weisheit kulturschöpferisch geworden. Die großen Inauguratoren der Kulturen und ihre Nachfolger wandelten den Instinkt in Wissen. Dieses Wissen wurde Tradition. Die Tradition wirkte Gutes.

Der Mensch als Erdenwesen ist selbst der Wandlung unterworfen. Neue Seelenfähigkeiten treten auf. Die für die Gegenwart bedeutungsvollste dieser Seelenfähigkeiten ist der Intellekt, der ein wissenschaftliches Erfassen der Natur möglich macht. Diese Erkenntnisart beginnt für die europäische Menschheit im 15. Jahrhundert. Sie ist von Erfahrung zu Erfahrung geschritten und hat schließlich den Umfang unseres gegenwärtigen Wissens und dessen äußere Realisierung in den Werken der Technik gezeitigt. Aber nicht nur Wissenschaft und Technik sind die Früchte dieser Erkenntnisart. Sie hat darüber hinaus dem einzelnen Menschen ein Selbstbewußtsein verliehen, wie es nie zuvor dem Menschen eigen war. Sie hat ihn mit der Möglichkeit zur Freiheit begabt. Sie hat ihn gelöst von den alten instinktiven Fähigkeiten, die weisheitsvoll, aber doch zwingend waren. Sie hat ihn einsam gemacht und lebensunsicher, obwohl sie die Lösung der sozialen Frage und aller anderen Lebensrätsel versprochen hatte. Darum schmäht heute mancher die naturwissenschaftliche Erkenntnisart, die durch die Erforschung der sichtbaren Welt nur «zu einem öden Materialismus geführt hat». Ein anderer wendet sich in seiner Kultursorge nach rückwärts, wo alte Instinkte und Traditionen gewaltet haben, während ein dritter sich an der Macht berauscht, die ihm die Beherrschung gewaltiger Naturkräfte in die Hand gegeben hat. Ein solcher frägt dann nicht nach einer Bestimmung des Menschen und der Menschheit. Das Wissen von einer solchen Bestimmung wird in ein außermenschliches, «unerforschliches» Gotteswesen verlegt. Andere leugnen, daß es eine solche Bestimmung überhaupt gebe und sehen das menschliche Erdenziel in der größtmöglichen Menge von Genuß und Machtentfaltung. Beide fragen nicht nach der Selbstverantwortung des Menschen.

In den Seelentiefen eines jeden Menschen ruht aber der unvernichtbare Impuls nach Selbsterkenntnis, Freiheit und Menschenliebe. Und die gewichtigste aller gegenwärtigen Lebensfragen wird an diesem Ort unaufhörlich gestellt: «Was ist der Mensch in Wirklichkeit?» Gibt es eine Möglichkeit, mit den Erkenntniskräften, die den Menschen zum Naturbeherrscher in weitem Umfange gemacht haben, den Menschen selbst zu verstehen? Ihn so zu verstehen, daß mit einem solchen Verständnis auch auf die außermenschliche Welt sinnvoll hingeschaut werden kann? Daß der Mensch seine Bestimmung selbst finden und in jedem Lebensaugenblick an deren Verwirklichung tätig sein kann?

Zunächst scheint es, als ob die naturwissenschaftliche Erkenntnisart zur Beantwortung dieser Gegenwartsfragen nicht ausreiche. Denn diese Erkenntnisart glaubt sich nur berechtigt, das Meßbare, Zählbare und Wägbare ins Auge zu fassen. Sie glaubt nur dann wahrhaft Gewisses aussagen zu können, wenn die Aussage jederzeit am wissenschaftlichen Experiment verifiziert werden kann. Sie hat kein Vertrauen, daß das rechte Denken in sich selbst seine Wahrheitsüberzeugung finden kann, daß ein Gedanke den anderen zu tragen und zu stützen vermag, so daß sich ein Wahrheitsbeweis auch dort ergeben kann, wo ein äußeres Experimentieren nicht mehr möglich ist. Die naturwissenschaftliche Erkenntnisart fürchtet sich heute noch, das Feld zu betreten, auf welchem die Stützen der äußeren Sinnesbeobachtung wegfallen. Sie möchte dieses Feld der religiösen Glaubensüberzeugung überlassen. Sie beschränkt dadurch ihren wirklichen Aufgabenkreis auf jenes Teilgebiet der Welterscheinungen, das den Sinnen und den Experimentierapparaten zugänglich ist.

Damit aber müßte dieser Erkenntnisart der Mensch in seinem wahren Wesen auf immer verschlossen bleiben. Diese Meinung hat in dem berühmten «Ignorabimus» des 19. Jahrhunderts ihren resignierenden Ausdruck gefunden.

Mit Resignation ist jedoch keine Lebensfrage zu beantworten. Und noch weniger lassen sich die Zeitforderungen erfüllen, die als ganz reale Faktoren dastehen. Sie drängen sich auf jedem Lebensgebiet auf.

An dieser Stelle darf der unbefangene Beobachter und Beurteiler der gegenwärtigen Zeit nicht vorübergehen an der Tatsache, daß es seit dem Beginne unseres Jahrhunderts eine Erkenntnisart gibt, die es möglich macht, zu einer Anschauung des Menschenwesens zu kommen, welche zu einem rechten Weltverständnis führt. Diese Anschauungsart erweist sich als fruchtbar bei der Beantwortung der Zeitfragen. Sie gibt keine fertigen Antworten, die als formulierte Gedankenüberzeugungen über die Mannigfaltigkeit der Natur und des Menschenlebens «gestülpt» werden, sondern sie läßt den Menschen in sich selbst das Seelengebiet finden, auf welchem für jede Erkenntnis- und Lebenssituation die rechten Gedanken erstehen können.

Diese Anschauungsart ist erkenntnistheoretisch gesichert bis in ihre tiefsten Grundlagen. Sie erweist sich im höchsten Sinne als lebenspraktisch. Sie vermag alle die Kräfte wieder erstehen zu lassen, welche in früheren Zeiten der Menschheitsentwicklung als instinktiv-unbewußte Weisheitskräfte gewirkt haben, aber jetzt erhellt vom Lichte des klaren Bewußtseins. Sie kann das in der Geschichte Gewordene in vollem Umfange anerkennen. Sie hat es nicht nötig, sich revolutionär zu gebärden. Sie knüpft an das Bestehende an. Dieses in Wirklichkeit Bestehende ist zunächst die Seelenverfassung des gegenwärtigen Menschen. Dieser Seelenverfassung ist die naturwissenschaftliche Erkenntnisart gemäß. Aber diese Art muß nicht auf ein engbegrenztes Sinnesfeld eingeschränkt werden. Sie birgt in sich die Möglichkeit einer grenzenlosen Erweiterung. Naturwissenschaft wird erweitert und ergänzt durch Geisteswissenschaft. Die geistige Welt ist als übersinnliche Welt genau so erforschbar, wie es die sinnlich offenbare Natur ist. Ja, es erweist sich sogar, daß die uns umgebende Natur letztlich überhaupt nur dann verständlich ist, wenn sie bis ins einzelne erfaßt werden kann als die Offenbarungsform einer geistigen Welt.

Eine solche geisteswissenschaftliche Erkenntnisart, die in der gegenwärtigen Zeit notwendig neben die Naturwissenschaft treten muß, ist im Anfang des 20. Jahrhunderts begründet worden durch Rudolf Steiner. Er nannte diese Geisteswissenschaft

«A n t h r o p o s o p h i e».

Vom Gesichtspunkte der Anthroposophie sollen die folgenden Darstellungen gegeben sein.

# BESONDERE ZEITEN HABEN IHRE BESONDEREN AUFGABEN

Eine Erziehungswissenschaft, die mit dem Anspruch auftreten würde, das ein für allemal Rechte und Gültige gefunden zu haben, würde sich schon durch diesen Anspruch selbst als unbrauchbar erweisen. Denn eine rechte Menschenerkenntnis weiß, daß das menschliche Bewußtsein eine Entwicklung durchmacht, d. h. von Stufe zu Stufe sich metamorphosiert im Laufe der Geschichte. Ein anderes Erziehungsideal mußte das Griechentum haben, ein anderes die nach dem Römertum orientierte Welt, ein anderes die christliche Kultur des Mittelalters.

Der Grieche konnte den Ausgangspunkt für eine zeit- und sachgemäße Erziehung von der rechten Übung der körperlich-leiblichen Organisation des Zöglings nehmen. Der Ansatzpunkt für alles pädagogische Tun war der physische Leib des Schülers. Aber dieser physische Leib wurde noch in unmittelbarem Zusammenhang mit einer geistigen Welt erlebt. Es wurde deshalb durch die rechte Pflege des Leibes auch sachgemäß auf die Entwicklung der Seele und des Geistes gewirkt. Der *ganze* Mensch wurde durch das Instrument des Leibes gebildet. Weisheit, Schönheitssinn, religiöses Empfinden und soziale Tüchtigkeit konnten das Ergebnis einer solchen Erziehungsart sein.

Für den Römer war das Erziehungsziel der Staatsbürger, der als persönlicher Rechtsträger seine Erdenaufgabe hatte. Als ein Ideal dieser Erziehung mußte die Fähigkeit erscheinen, durch das gesprochene Wort in gestalteter Rede die Rechtsüberzeugung darlegen zu können. Erziehung ließ deshalb die leibliche Ausbildung allmählich zurücktreten gegenüber der rhetorischen Kunst. Der vollendete Römer ist der Orator.

Die mittelalterliche Kultur, einerlei ob sie christlich oder heidnisch orientiert war, fand ein neues Erziehungsideal. Das war der «Gelehrte», der Mann, der über ein großes Wissen in Form von Gedanken verfügen konnte. Der «Doktor» löste den «Orator» ab. Der mit dem 15. Jahrhundert hereindringende Intellektualismus kam diesem Streben entgegen. Kultur und Zivilisation wurde Sache der gelehrten Menschen. Im christlichen Abendland verwaltete die Kirche das Erziehungswesen.

Ein neuer Einschlag in das Erziehungswesen kam erst im Zeitalter der Aufklärung. Zwar wird das Erziehungsideal des Mittelalters, der «Doktor», unangefochten aufrechterhalten. Aber in der Methodik ändert sich Grundsätzliches. Das christliche Mittelalter hatte ein Menschenbild, das weitgehend mit dem Begriff der «Erbsünde» zusammenhing. Man hatte Furcht vor den Mächten der Finsternis, welche die Gegner der guten göttlichen Mächte waren. Diese Furcht war bestimmend für das Erziehungswesen. Der Zögling wurde in Furcht gehalten, in Furcht vor der Strafe. Züchtigung erschien unentbehrlich zur Erziehung. Die Aufklärung mit ihrem Menschenbild der Humanität setzt an die Stelle der Furcht das Mitleid. Pestalozzi ist der große Repräsentant des Erziehungsideals, das sich auf das Mitleid mit der Kreatur gründet.

Aber Furcht oder Mitleid können keine für uns zeitgemäße Erziehung begründen.

«Die Furcht ist der schlechteste Erzieher», sagt Albert Steffen.

Aber auch das Mitleid macht den Menschen nicht besser. Das Humanitätsideal, auf das Mitleid gegründet, läßt, in einseitiger Konsequenz, den Menschen schwach werden. Goethe wußte davon. Er sagt: «Auch muß ich selbst sagen, halt ich es für wahr, daß die Humanität endlich siegen wird, nur fürcht ich, daß zu gleicher Zeit die Welt ein großes Hospital und einer des andern humaner Krankenwärter werden wird.»

Wenn aber Furcht und Mitleid keine Erziehung begründen können, was soll dann der Ausgangspunkt der Erziehung sein?

Heute kann die Antwort nur lauten: Die Einsicht.

Es muß also eine sichere Menschenerkenntnis die Grundlage der Pädagogik in unserer Zeit sein.

Anthroposophie möchte eine solche sichere Menschenerkenntnis vermitteln.

Und was soll das Erziehungsziel sein? Der griechische Gymnast? Der römische Orator? Der mittelalterliche Doktor? Der letztere ist heute noch immer das offene oder geheime Ziel vieler Erzieher.

Der allseitig gebildete Mensch? Aber da muß ja erst die Frage beantwortet werden, was für einen Begriff man sich vom Menschen gebildet hat. Sonst ist dieses Erziehungsziel ein vages Gebilde.

Der gute Staatsbürger? So lange der Staat das Erziehungswesen verwaltet, wird der Durchschnittsbürger, der schließlich zu allem sein «Ja» sagt, immer das höchste Erziehungsziel darstellen, und das Genie wird immer der Störenfried sein.

Der Christlich-Gläubige? So lange das Wort «christlich» noch zur Bezeichnung politischer Parteien verwendet wird, lohnt es sich nicht, über ein solches Erziehungsziel zu reden.

Idealismus
Arbeitstüchtigkeit f. d. gegenwärtige Menschengemeinschaft
stützenden Lebenshalt

Der Wirtschaftlich-Tüchtige? O, wir kennen die Sirenengesänge der Wirtschaftsführer, die uns so schmeichlerisch kundtun, wie nach ihrer Meinung der junge Mensch beschaffen sein soll, wenn er nach der Schule ins Berufsleben tritt! Das Lebensziel heißt: So viel Geld verdienen, daß man alle seine egoistischen Bedürfnisse in vollem Umfange befriedigen kann!

Erziehungsziele, die von Staatsinteressen, kirchlichen Bekenntnisformen und von Wirtschaftswünschen aufgestellt werden, können nur einseitig und deshalb letztlich sozial nur zerstörerisch wirken wie alles Einseitige, das zum Universalprinzip erhoben wird.

Kann es ein für unsere Gegenwart gültiges Erziehungsziel geben?

Es hat ja schließlich nur derjenige ein Recht, von einem Erziehungsziel zu reden, der auch imstande ist, die Wege aufzuzeigen, auf welchen man sich diesem Ziele nähern kann. Er muß Ideen darstellen, welche zu wirksamen Idealen werden können. Nicht um eine abstrakte Norm-Pädagogik kann es sich handeln, sondern um Gedanken, die es dem Erzieher ermöglichen, in jedem Augenblicke seines pädagogischen Tuns selbst das Rechte zu finden.

Ein solcher Erzieher wird aber wissen, daß die äußere Arbeitstüchtigkeit niemals ein Erziehungsziel sein kann, wenn diese Arbeitstüchtigkeit nur dazu dienen soll, die Möglichkeit der Befriedigung egoistischer Bedürfnisse herbeizuführen. Auf der anderen Seite muß eine rechte Erziehung gerade dahin wirken, daß der Mensch in seinem Leben für sich selbst etwas Berechtigtes gewinnen kann. Es wird also das Erziehungsziel niemals nur in einem einseitigen Prinzip gesehen werden dürfen. Es muß in einer Polarität gefunden werden, die im Menschenwesen selber begründet ist, einer Polarität, die der Tatsache Rechnung trägt, daß für den Menschen die Welt sich durch ein «von Außen» und ein «von Innen» offenbart. Wird dies erkannt, so kann die Richtung gefunden werden, die eingeschlagen werden muß, um das Erziehungsziel zu finden, das sich aus der Wesenheit des gegenwärtigen Menschen selbst ergibt. Es wird dann jedes Wort des Satzes anerkannt werden können, den Rudolf Steiner im Hinblick auf die Schule ausgesprochen hat, welche der gegenwärtigen Erziehungsaufgabe gerecht werden will: «*In dem pädagogischen und methodischen Geiste einer solchen Schule muß Idealismus wirken; aber ein Idealismus, der die Macht hat, in dem aufwachsenden Menschen die Kräfte und Fähigkeiten zu erwecken, die er im weiteren Lebensverlauf braucht, um für die gegenwärtige Menschengemeinschaft Arbeitstüchtigkeit und für sich einen ihn stützenden Lebenshalt zu haben.*»

Ein solcher Satz sollte nicht nur einmal oder ein Dutzend mal gelesen werden. Er kann Grundlage eines meditativen Übens sein. Dann erwächst aus ihm eine Kraft, die sich in pädagogische Praxis jederzeit umwandeln kann.

Doch kann diese Umwandlung nur geschehen, wenn sie auf der Grundlage einer einsichtsvollen Menschenerkenntnis sich vollzieht. Es muß daher von einer allgemeinen Menschenkunde als Grundlage der Pädagogik die Rede sein. Soweit dies im Rahmen der vorliegenden Schrift möglich ist, soll im Folgenden von einigen Aspekten dieser Menschenkunde die Rede sein. In umfassender Art sind die Grundlagen dieser Darstellung in Rudolf Steiners Büchern «Theosophie» und «Die Geheimwissenschaft im Umriß» gegeben.

# VON DEN WESENSGLIEDERN DES MENSCHEN

Zwei Eigenschaften sind es, die aller physischen Körperlichkeit eigen sind: Raumesausdehnung und Gewicht. Durch diese Eigentümlichkeiten ist der Mensch, sofern er sich in seiner Leiblichkeit offenbart, mit allen physischen Naturgestalten verwandt, mit den Formen des Mineralreiches, mit den Pflanzenwesen, mit den Tiergestalten. Denn diese alle kommen in der Raumeswelt zur Erscheinung.

Die Tatsache des Raum-Erlebens ist nur durch unser Wachbewußtsein gegeben. Schon im Traume und noch mehr im Schlafe verliert der Raum mit seinen Dimensionen seine Bedeutung. Wenn auch aus diesem Wachbewußtsein heraus die verschiedenartigsten philosophischen Deutungen des Raum-Erlebens möglich sind, dieses Erleben selbst erscheint wie unmittelbar dem Bewußtsein gegeben.

Ganz anders verhält es sich mit der Gewichtsbestimmung der physischen Erscheinungen. Zwar gibt es heute die feinsten Waagen, um die Gewichtsverhältnisse zweier Körper aufeinander oder auf ein willkürlich angenommenes Grundmaß zu beziehen, aber diese exakte Gewichtsbestimmung kann niemals darüber hinwegtäuschen, daß unser Gewichts*erleben* ganz anderen Faktoren unterworfen erscheint. Wir kennen zur Genüge das Erlebnis, das uns unseren Leib oder die einzelnen Glieder oder das Haupt zu verschiedenen Zeiten unterschiedlich schwer erscheinen läßt. Auf dieses Schwereerlebnis und seine verschiedenen Formen der Offenbarung in den Naturreichen muß hingewiesen werden.

Da sind zunächst die Gebilde der rein mineralischen Welt. Ihnen allen ist eigen, daß sie die Tendenz haben, den tiefstmöglichen Ort ihres Lagerns zu erreichen. Die Tendenz dieser Kraftrichtung bezeichnet der Mensch aus seinem Leibeserleben als die Richtung «oben–unten». Nur ein Gebilde größerer Dichte vermag dieser Tendenz eines andern Gebildes Widerstand zu leisten. Die Gesetze, die hier walten, sind rein physische Gesetze. Wir nennen die Dinge, die ihnen unterworfen sind, physische Gestalten. Der Mensch, insoferne er den Schwerewirkungen unterworfen ist, hat also als erstes Glied seiner leiblichen Gestaltung einen *physischen* Leib. Durch diesen Leib gehört er dem mineralischen Reich an. Er trägt dessen Schweregesetze in sich.

Schon das nächste Naturreich, die Pflanzenwelt, gibt ein Rätsel auf im

Hinblick auf die Schwerewirkungen. Denn durch das Wachstum kommt in der Pflanze eine Kraft zur Offenbarung, welche entschieden der Richtung der irdischen Schwerkraft entgegengesetzt ist. Ihre Wachstumstendenz hat die Richtung «unten–oben». Man hat ausgerechnet, welche Mengen schwerer Substanz etwa ein Baum alljährlich «emporhebt». Von Newton wird erzählt, daß der Anblick eines fallenden Apfels ihn vor das Rätsel der Schwerkraft gestellt und zu den Gedanken über die Gravitationsverhältnisse im Planetensystem angeregt habe. Der geistvolle Philosoph Lichtenberg meinte dazu, für ihn sei es ein viel größeres Rätsel, wie der Apfel auf den Baum hinaufgekommen sei. In der Tat, es ist eine rätselhafte Kraft, die da nicht nur entgegen der Schwerkraft wirkt, sondern darüber hinaus die mannigfaltigen Formen der Pflanzenwelt schafft und Wachstum und Fortpflanzung ermöglicht. Es ist eine Bildekraft, die da am Werke ist. In der Geisteswissenschaft wird sie als Kraft des Ätherischen bezeichnet. Sie ist die Trägerin der Lebensprozesse. Sie wirkt leibgestaltend. Der physische Menschenleib erhält seine Gestalt durch einen solchen Bildekräfteleib oder Ätherleib. Jedes lebendige Wesen hat seinen Ätherleib, der sich mit den Ätherleibern der anderen lebendigen Wesen und der Erde selbst in gleicher Art zu einem Ganzen zusammenschließt, wie es die Erscheinungen der physisch-mineralischen Welt im Gebiet der reinen Schwerewirkungen tun. Durch seinen Ätherleib, der für den Geistesforscher als übersinnliches Kraftgebilde wahrnehmbar ist, ist der Mensch dem zweiten Naturreich, dem Pflanzenreich, wesensverwandt.

Auf eine ganz andere Art steht das Tier in den Schwerewirkungen der Erde. Es löst sich von der pflanzenhaften Erdgebundenheit los. Sein physischer Leib kann sich auf die verschiedenartigste Weise bewegen. Diese Bewegungsmöglichkeit ist unmittelbar mit der Fähigkeit der Sinnesempfindung verknüpft. Im Körperbau des Tieres kommt neben der Schwerewirkung «oben-unten» und der Wachstumskraft «unten-oben» erstmalig das Gestaltungsprinzip «vorn-hinten» zur Erscheinung. Eine neue Kraft offenbart sich hier in der Überwindung der Schwerewirkungen, die mannigfaltigsten Gestaltungen und Bewegungsarten schaffend. Durch diese Kraft kann das Tier Lust und Schmerz empfinden, Trieb, Begierde und Leidenschaft entwickeln. Und auch leibgestaltend wirkt diese Kraft. Sie schafft zu dem physischen Leib und dem Ätherleib dem Tier einen «Empfindungsleib», nach dessen Gesetzen jede Tierart ihre besonderen Gestaltungsformen erhält. Dieser Empfindungsleib wird in der Geisteswissenschaft auch «Astralleib» genannt. Seine Kräfte kommen aus der Sternenwelt. Nicht umsonst wird ein bestimmtes Gebiet dieser Sternenwelt der Tierkreis genannt. – Jedes empfindende Wesen hat einen Astralleib. Und so ist der Mensch durch seinen Astralleib, der als ein drittes Glied seiner Gesamtwesenheit zukommt, dem Tiere verwandt.

Mit seinem physischen Leib, seinem Ätherleib und seinem Astralleib ist der Mensch den Naturreichen des Mineralischen, der Pflanzen und der Tiere zugehörig.

Ein eigenes Wesensreich bildet der Mensch durch sein Selbstbewußtsein, das im «Ich» erscheint.

Dieses «Ich» setzt den Menschen gegenüber den Wesen der Naturreiche in ein ganz neues Verhältnis zu den Schwerewirkungen der Erde. Zunächst schafft es die Möglichkeit, daß das Haupt den Schwerekräften entzogen wird, daß die menschliche Gestalt aufrecht sein kann. Alle Glieder und Organe dieser Gestalt – mögen sie sich in gleicher Zahl und Art bei den höheren Tieren auch finden – modifizieren sich im Hinblick auf diese Bestimmung zur aufrechten Haltung der Gesamtgestalt. Aber die Aufrichtekraft liegt nicht in derselben Fortsetzung der bei der Embryonalentwicklung wirkenden Kräfte, die das Tier in sein artgemäßes Verhältnis zu den Schwerekräften bringen. Es ist, als ob der Mensch die Orientierung seiner Leibesgestalt in den Raumesdimensionen gleichsam «lernen» müsse. Man betrachte ein kleines Kind. Welche ungeheuren Anstrengungen sind nötig, um nach und nach das Köpfchen den Schwerewirkungen zu entreißen. Denn nur das Haupt scheint zunächst der Erdenschwere hingegeben. Die Gliedmaßen sind wie gewichtslos. Stundenlang mag das kleine Kind auf dem Rücken liegen, die Beinchen wie schwerelos nach oben gerichtet. Nur langsam und allmählich geschieht jene Umwandlung, welche den Gliedmaßen eine gewisse Schwere und dem Haupte jene Unabhängigkeit von den Schwerekräften gibt, die zur Entfaltung der menschlichen schöpferischen Betätigung erforderlich ist. In diesem ganzen Prozeß ist das «Ich» tätig, wenn auch noch seiner selbst nicht bewußt. Aber es ist dieser Prozeß auch die stufenweise Vorbereitung zur Erlangung des Selbstbewußtseins.

Der Mensch als Leibesgestalt ist somit eine Offenbarung der Wirksamkeit vierfach verschiedener Kräfte.

Es ist die Aufgabe des Erziehers, an diesen Wesensgliedern des Menschen auf sachgemäße Art zu arbeiten. Eine genaue Kenntnis von Wesen und Wirksamkeit dieser Glieder, wie sie durch die anthroposophische Geisteswissenschaft vermittelt wird, ist die einzig reale Voraussetzung für eine echte Erziehungspraxis in der gegenwärtigen Zeit.

# VON DER DREIGLIEDERUNG DES MENSCHLICHEN ORGANISMUS

Die menschliche *Wesenheit,* mit der es der Lehrer und Erzieher zu tun hat, stellt sich als eine viergliedrige dar. Von diesen vier Gliedern ist der physische Leib allein, insoferne er von mineralischer Substanz ausgefüllt ist, der Sinnesbeobachtung zugänglich. Er stellt die «Erscheinung» des Menschen dar. Ätherleib, Astralleib und Ich sind übersinnlicher Natur. Sie können für das geistige Schauen wahrnehmbar werden. Ihre Wirkungen werden aber in der Erscheinungsform des physischen Leibes und in dessen Organprozessen, Bewegungen und Absichten offenbar. Diese Wirkungen können nicht aus den Gesetzen des physischen Leibes, die physikalischer und chemischer Natur sind, abgeleitet werden. Denn sie haben mit diesen Gesetzen nichts zu tun.

Der menschliche *Organismus* kann nur begriffen werden, wenn er als eine Zusammenfügung von drei Prinzipien betrachtet wird, die vom Denken deutlich unterschieden werden können, wenn es die scheinbar einheitliche Gestalt erkennend ergreift. Diese drei Prinzipien wirken in dem Gesamtgefüge als drei selbständige Organisations-Systeme. In der geisteswissenschaftlichen Menschenkunde werden sie genannt:

Das Nerven-Sinnes-System
Das rhythmische System
Das Stoffwechsel-Gliedmaßen-System.

Zunächst sei betont, daß alle drei Systeme *Kräfte* darstellen. Kräfte als solche sind sinnlich unwahrnehmbar. Ihre Wirkungen können in der Gestaltung und Veränderung der Welt der Substanzen beobachtet werden.*)

Insofern der physische Leib also «Stoff» ist, ist er völlig Offenbarung der Kräfte des Stoffwechsel-Gliedmaßen-Systems, das seinen hauptsächlichsten Ort in den unteren Teilen der menschlichen Gestalt hat. Es ist im eigentlichsten Sinne das «Kraftgebiet» des menschlichen Organismus. In

*) Es darf an dieser Stelle kurz darauf hingedeutet werden, daß die Begriffe von Substanz und Akzidens einen völligen Bedeutungswandel im 15. Jahrhundert durchgemacht haben. Bis dahin bezeichnete man als Substanz das den Dingen geistig Zugrundeliegende, und das Stoffliche wurde als das Akzidentelle angesehen. Nach dem genannten Zeitpunkt wird das ursprünglich als akzidentell Gedachte mit dem Namen Substanz bezeichnet. Damit beginnt das Zeitalter der Naturwissenschaft, die von der Betrachtung der Stoffe (Substanzen) ausgeht.

ihm walten die physikalischen Kräfte der Schwere und die chemischen Kräfte der Substanzumwandlung. Überall, wo im menschlichen Leibe diese Kräfte wirksam sind, haben wir es mit den Prozessen des Stoffwechsels zu tun. Der Mensch erlebt dieses Wirkensgebiet in seiner Organisation durch ein Kraftgefühl, das ihm besonders durch seine Muskulatur vermittelt wird. Andrerseits aber muß er die Prozesse, um die es sich dabei handelt, «verschlafen». Sie dürfen nicht von seinem Bewußtsein begleitet werden. Jedes Gewahrwerden eines Stoffwechselvorganges in der eigenen Leibesorganisation könnte nur unter den intensivsten Schmerzgefühlen geschehen. Jedes körperliche Unwohlsein ist ein Zeichen dafür, daß auf dem Wirkensgebiet des Stoffwechsel-Gliedmaßen-Systems etwas in unrechter Art sich vollzieht und daher in das Bewußtsein hereinschlägt. Wir haben es auf diesem Gebiete mit dem eigentlichen Felde der Willenswirkung zu tun. Der Wille tritt als solcher nicht ins Bewußtsein. Wir haben eine Vorstellung von der zu verrichtenden Tat, wir haben eine Vorstellung von der vollzogenen Tat, was aber zwischen Absicht und Tatergebnis in unserer Willensorganisation sich vollzieht, deren physischer Ausdruck das Kräftegeschehen des Stoffwechsel-Gliedmaßen-Systems ist, das bleibt unter der Schwelle des Bewußtseins beim gesunden Menschen. Es kann nicht zur Vorstellung werden wie das Tatmotiv und das Tatergebnis.

Dem Stoffwechsel-Gliedmaßen-System polar entgegengesetzt ist das Nerven-Sinnes-System. Dieses ist gleichfalls ausgebreitet über die gesamte Organisation des Menschen. Seinen repräsentativen Ort hat es in der Hauptesbildung. Hier ist alles auf die Nerven- und Sinnestätigkeit hin veranlagt. Was in der Nerven- und Sinnesorganisation an Stoffwechselprozessen sich vollzieht im Abbau und Wiederaufbau der Substanz, das gehört als solches der Stoffwechselorganisation an. Was aber hinführt zur Sinneswahrnehmung und zum Bewußtwerden derselben, das ist das eigentliche «Licht-Gebiet» des menschlichen Organismus. Und so ist dieser Organismus auch durch und durch Sinnesorgan. Die Fähigkeit zur Sinnesempfindung – auch wenn diese nicht zum Bewußtsein kommt – durchzieht den Organismus bis in die feinsten Verzweigungen. Der physische Ausdruck dafür ist das Nervensystem. Nerven dienen zur Vermittlung der Wahrnehmung, sie haben auf keinen Fall Funktionen, die mit der Impulsierung der Bewegungsorganisation zusammenhängen. Aber sie vermögen die Vermittlung für die Wahrnehmung der Bewegung abzugeben, wie sie auch der Vermittlung aller Sinnesempfindungen dienen.

Es muß in diesem Zusammenhange bedacht werden, daß das Gebiet der Sinnesempfindungen einen weit größeren Umfang hat als gemeinhin

R. St. über Sinne: „Von Seelenrätsel."
Sinnesorgane müssen belebt, veredelt werden

angenommen wird. Die geisteswissenschaftliche Sinneslehre weist darauf hin, daß der menschliche Organismus nicht nur Sinnesorgane für Licht, Ton, Geschmack, Geruch, Wärme, Gleichgewichts- und Tasterlebnisse hat, sondern daß auch die Wahrnehmung des eigenen Wohl- oder Unwohlbefindens, der Bewegungen der Gliedmaßenorganisation, darüber hinaus aber auch die Wahrnehmung spezifisch menschlicher Äußerungen, nämlich der Sprache und des Gedankens, ja sogar die Wahrnehmung des anderen Menschen als einer Ichwesenheit auf dem Wege des Sinneserlebnisses vermittelt wird. Rudolf Steiner hat darüber ausführlich in dem Buche «Von Seelenrätseln» und in zahlreichen Vorträgen gesprochen. Es gehört zum Rüstzeug des Erziehers und Lehrers, daß er sich ein deutliches Bewußtsein verschafft hat von dieser Zwölfgliedrigkeit der menschlichen Sinnesorganisation, durch welche der Mensch Kunde erhält von seiner Innen- und Außenwelt. Denn jedes Kind ist im Hinblick auf seine Sinnesbildung anders organisiert, und der Mensch muß lernen, seine eigenen Sinnesorgane zu belehren, zu veredeln, auf eine höhere Stufe zu heben. Das Ziel einer solchen Sinnespflege, zu dem die Schule die rechten Wege erschließen muß, wäre dann die Fähigkeit des Menschen, zu jedem Sinneseindruck den adäquaten sittlichen Eindruck sich selbst zu bilden. Hier darf auf das entsprechende Kapitel in Goethes «Farbenlehre» verwiesen werden.

Zwischen dem Nerven-Sinnes-System und der Stoffwechsel-Gliedmaßen-Organisation wirkt als eine den ganzen Organismus durchziehende Kraft das rhythmische Geschehen, das seinen vorzüglichsten Ausdruck findet in der Atmungs- und Herztätigkeit des mittleren Menschen. Der Rhythmus ist eine geheimnisvolle Sache. Aus dem Physischen allein kann er nicht erklärt werden. Er läßt sich nicht in die Sphäre des völlig Berechenbaren hereinnehmen. Er nähert sich diesem Berechenbaren zwar, aber sein Wesen beruht gerade auf der Inkommensurabilität. Die beim rhythmischen Geschehen wirkende Kraft verbraucht sich nicht wie im Stoffwechsel-Gliedmaßen-Organismus. Sie erneuert sich, bevor sie zu Ende geht. Dadurch ist der Mensch in seiner rhythmischen Organisation «unermüdlich». Ermüden kann der Mensch in der Sinnestätigkeit, ermüden kann er in seinen Gliedmaßen, Herzschlag und Lungenbewegung bedürfen der Unterbrechung durch den Schlaf nicht. Sie wirken durch das ganze Erdenleben. Gelänge es, alle Nerven-Sinnestätigkeit und alle Gliedmaßenbewegung und alles Stoffwechselgeschehen ganz aus den Prozessen des Rhythmischen heraus zu vollziehen, der Mensch könnte dann auf den Schlaf, der ihm die Erneuerungskräfte für seine obere und untere Organisation bringt, verzichten. Er würde dann ganz im Einklang mit den die Welt durchziehenden Rhythmen leben können. Aber er wüßte dann auch nichts von Gut und Böse und könnte kein freies Wesen werden. Denn auch das ist eine Grundbedingung für die Freiheit, daß der Mensch die Möglichkeit hat, mit seinem eigenen rhythmischen Leben sich unabhängig zu machen von den irdischen und kosmischen Rhythmen.

An diesem Zusammenhange kann es verständlich werden, wie unsinnig die Vorstellung sein muß, das Herz als eine Pumpe zu betrachten. Eine Pumpe ist ein Mechanismus, der durch eine von außen kommende Kraft in Bewegung gesetzt wird. In der Mechanik und ihrer Anwendung im Gesamtgebiet des Maschinenbaues kennen wir Bewegungen, die als in sich selbst zurückkehrende neben den Drehbewegungen und fortschreitenden Bewegungen nahe an die Rhythmus-Bewegung herankommen. Aber eben nur nahe daran. In der Maschinenwelt sind die Bewegungsgeschwindigkeiten berechenbar, ihr Wesen liegt in ihrer physikalischen Gesetzmäßigkeit. Der Rhythmus ist eine Welt erhabener Ordnung ohne «mechanische Gesetzmäßigkeit». Das Herz als Pumpe zu denken ist eines der schlimmsten Hindernisse für das Verständnis des Menschenwesens. Es ist dies eine jener Irrtumsvorstellungen, die heute in der Wissenschaft noch immer als sakrosankt gelten, mit denen sich aber auf die Dauer nicht leben läßt. Und mit denen sich nicht erziehen läßt. Denn man kommt im Festhalten einer solchen Vorstellung nie und nimmer zum rechten Begriff des Rhythmus. Und diesen rechten Begriff muß sich der Erzieher und Lehrer aneignen.

Denn das Verhältnis der geschilderten drei Kraftsysteme ist bei jedem Menschen ein anderes. Und es gilt besonders beim Kinde darauf hinzuschauen, in welcher Art das eine oder das andere dieser Systeme eine Präponderanz über die anderen hat. Davon hängt auch der Gesundheitszustand des Kindes ab. Krankheit und Unwohlsein beruhen immer auf einem Mißverhältnis der Wirkungsweise dieser drei Glieder.

Der Lehrer muß durchdrungen sein von dem Wissen, daß die drei Glieder des Menschen-Organismus die leiblichen Grundlagen für das Wirken der drei Seelenkräfte bilden. Denken und Vorstellen beruhen auf dem Nerven-Sinnes-System, der Wille wirkt im Zusammenhang mit den Prozessen des Stoffwechsels und der Gliedmaßentätigkeit, das Fühlen, das im unaufhörlichen Wechsel von Sympathie und Antipathie sich kundgibt, ist an das rhythmische System gebunden. Der Lehrer also, der durch seinen Unterricht dem Kinde bestimmte Gedanken-Vorstellungen beibringt, weiß, daß er dies nur bis zu einem gewissen Grade tun darf. Darüber hinaus würde eine Inanspruchnahme der Nerven-Sinnes-Organisation des

Kindes schädigend wirken. Das allermeiste, was heute unter den Worten «Konzentrationsschwierigkeiten», «Lernschwierigkeiten» und «Nervosität» Anlaß zu Klageliedern in allen Tonarten gibt, beruht auf der einseitigen Inanspruchnahme der Nerven-Sinnes-Organisation des Kindes durch die Stundenplangestaltung und die Lehrplanforderungen der öffentlichen Schulen. Eine unmittelbare Folge dieser intellektuellen Einseitigkeit ist dann das Überhandnehmen der Triebe des Stoffwechsel- und Gliedmaßensystems im Reifealter.

Selbstverständlich sollen die Sinnes- und Vorstellungskräfte des Kindes in der Schulzeit gepflegt werden. Aber gerade im zweiten Lebensjahrsiebent handelt es sich darum, daß diese Pflege auf dem Wege über das Fühlen geschehe. Darum muß dasjenige, was später zur denkenden Vorstellung werden soll, im künstlerischen Bilde, das sich immer an die unermüdlichen Kräfte des Rhythmischen, an das Fühlen wendet, an das Kind herangebracht werden. Diese Mitte der menschlichen Organisation ist der große Ausgleicher, der große Heiler alles Schädigenden, der lebensvolle Vermittler der polaren Kräfte der oberen und der unteren Organisation.

Jede Unterrichtsstunde muß so aufgebaut sein, daß sie in der rechten Folge sich an diese drei Glieder der Menschenorganisation wendet. Das gibt dann auch die rechte Stimmung für den Unterricht. Nach dieser Stimmung lechzt das Kind. Alles Denken und Tun des Schülers bleibt unvollkommen, wenn diese Stimmung nicht da ist. Sie ist die Lebensluft für Unterricht und Erziehung. Hier beginnt die pädagogische Praxis auf der Grundlage der Menschenerkenntnis.

# DER MENSCH ALS SINNESWESEN

*Aufsatz eines Sechzehnjährigen aus der 10. Klasse*

Vorbemerkung: Eine Schule auf dem Lande hat ihre Vor- und Nachteile. Man könnte deren eine ganze Fülle aufzeigen. Zu den unlösbaren pädagogischen Problemen gehört der Schulweg im Monat Juni, wenn die Kirschen reif werden. Eine gewisse Waldorfschule weiß davon ein Lied zu singen. Mit dem folgenden Aufsatzthema sollte ein Versuch zur Lösung eines Problems gegeben werden, das schwerer ist als dasjenige, das die Universität in Dijon im Jahre 1750 zur Beantwortung ausgeschrieben hat und das Jean-Jacques Rousseau den ersten Preis einbrachte.

Thema:

Warum gestohlene Kirschen besser schmecken als gekaufte.

(Eine Betrachtung zur Sinneslehre)

«Im Menschenkundeunterricht unserer Klasse haben wir die zwölf Sinne des Menschen behandelt. Wir haben gesehen, wie diese Sinne auf ganz verschiedene Art zusammenwirken können. Wir haben auch gesehen, daß das Behagen an einem Genuß um so größer ist, je mehr Sinne bei diesem Genusse in Anspruch genommen werden. Johann Peter Hebel hat darüber auch geschrieben in seiner Abhandlung ‚Vom Tabakrauchen', die uns vorgelesen worden ist.

Wenn ich gekaufte Kirschen esse, so habe ich keinen so großen Genuß davon. Man bekommt sie dann als Nachtisch zum Mittagessen. Dabei muß man sich ordentlich benehmen. Die Sinne, die bei solchem Kirschenessen in Tätigkeit treten, sind der Gesichtssinn, der Geschmackssinn und der Tastsinn. Natürlich auch der Eigenbewegungssinn beim Kauen und beim Herausnehmen des Kirschensteines mit dem Löffel aus dem Mund. Auch der Wärmesinn, aber doch nicht so sehr, denn die gekauften Kirschen sind nicht mehr so kühl. Kirschen aus dem Eisschrank schmecken gar nicht gut. Man hat beim Essen von gekauften Kirschen, die auf den Mittagstisch kommen, keinen rechten Genuß.

Ganz anders ist das, wenn man die Kirschen direkt vom Baum herunterholt. Man muß dabei möglichst zu zweit sein, daß man besser aufpassen kann, ob nicht der Bauer oder der Feldschütz kommt.

Man kann zeigen, daß bei dieser Art von Kirschenessen alle Sinne in der Reihenfolge, wie wir sie im Menschenkundeunterricht aufgezählt haben, in Tätigkeit kommen.

Da ist zuerst der Tastsinn. Er hat so viel zu erleben auf dem Kirschbaum. Nicht nur in den Händen, welche die Kirschen ergreifen und sie vom Aste zupfen, sondern auch im nackten Knie, das sich gegen die glatte Rinde des Kirschbaums stemmt, in der anderen Hand, die den Ast umfaßt und dabei mit dem klebrigen Harz in Berührung kommt, und dann ganz besonders in den Lippen und in der Zunge, die die runde, glatte Form der Kirsche abtasten und die schließlich den Stein wieder ausspucken.

Der Lebenssinn gibt uns die Gefühle unseres eigenen Körpers wieder. Man hat ja beim Kirschenessen auf dem Baum ein ganz besonderes Gefühl des Wohlbehagens. Man spürt seinen eigenen Leib in den Muskeln. Denn man muß mit Muskelkraft sich auf dem Baum festhalten. Dies gilt noch mehr für den Eigenbewegungssinn, der uns unsere Muskelbewegungen erleben läßt. Und da gibt es so viele Bewegungen! Der Rumpf und die Gliedmaßen, die Lippen und die Zunge, ja sogar die Muskeln der Augen bewegen sich und geben uns daher die Möglichkeit, nach vielen Richtungen zu schauen. Die feinste Bewegung aber ist, wenn man den Kern mit großer Kraft ausspucken kann. Das darf man ja bei Tisch nicht. Und das ist doch besonders schön beim Kirschenessen.

Der vierte Sinn, der Gleichgewichtssinn, ist auf dem Kirschbaum sehr nötig, besonders, wenn man sehr hoch in den Wipfel steigt, wo die Kirschen am besten sind. Ich glaube, daß für den Seiltänzer der wichtigste Sinn der Gleichgewichtssinn ist.

Jetzt kommen die vier Sinne für das Sehen, das Schmecken, das Riechen und für die Wärme. Diese Sinne haben auf dem Kirschbaum am allermeisten zu tun. Da sind die farbigen Kirschen in dem grünen Laub, die glänzende Rinde der Äste und dann der blaue Sommerhimmel mit den weißen Wolken. Alles das ist so schön in den Farben, wie es am Mittagstisch nicht sein kann. Es hat deswegen auch keinen rechten Sinn, Kirschen bei Nacht zu stehlen, obwohl da die Gefahr nicht so groß ist, wenn man sich ruhig verhält. Aber auf dem Kirschbaum ist es ganz besonders schön auch für die Augen.

Daß die Kirschen gut schmecken, ist klar. Man würde sie ja sonst auch nicht stehlen wollen. Einen Geschmack kann man nicht beschreiben, eigentlich überhaupt keinen Sinneseindruck, weil man ihn nur erleben kann. Doch ist bei einer Kirsche besonders gut, daß sie sowohl süß als auch säuerlich ist. Die allersüßesten Kirschen mag ich nicht so gern. Sie müssen auch etwas fest sein. Das gehört dann aber zum Tastsinn. Man glaubt gar nicht, was man auf dem Kirschbaum alles riechen kann. Da ist zuerst der Heuduft von den Wiesen, der ganz besonders schön ist, wenn die Sonne scheint. Dann der Geruch der Kirschbaumblätter und des Harzes. Und der Duft der Kirschen selbst, den man erst merkt, wenn man die Kirsche zerbeißt. Es gehören immer viele Arten von Gerüchen zusammen, wenn ein angenehmer Duft entstehen soll. In der Parfumindustrie werden daher immer sehr viele Duftstoffe, sogar auch übelriechende, gemischt, um einen besonders angenehmen Geruch zustandezubringen. Auf dem Kirschbaum im Sommer sind die schönsten Düfte der Natur vereinigt.

Die Wärme erleben wir als Unterschied der Wärme, die von der Umgebung kommt, zu unserer eigenen Körperwärme. Es gibt viele Wärmeunterschiede auf einem Kirschbaum an einem Sommertag. Das Holz des Baumes ist kühl, wo es im Schatten ist, warm, wo es von der Sonne beschienen ist. Manchmal ist man im kühlen Schatten der Blätter, manchmal in der vollen Sonne. Am schönsten aber ist die feine Kühle der Kirsche, wenn man sie in den Mund steckt.

Beim Hörsinn muß ich mich an einen Schulaufsatz erinnern, den wir in der 7. Klasse im Physikunterricht zu schreiben hatten. Damals bekamen wir von unserer Lehrerin die Aufgabe, zu Hause fünf Minuten still zu lauschen und dann alles aufzuschreiben, was wir in dieser Zeit gehört hatten. Ich weiß noch, daß ich zu dem Aufsatz sehr lange Zeit brauchte, denn es gab so vieles zu hören. Auch auf dem Kirschbaum ist es so. Da ist zuerst das leise Rascheln der Blätter im Sommerwind. Dann die Fahrzeuge von der fernen Straße. Vogelstimmen sind zu hören. Dann die Stimme meines Freundes, der auf einem anderen großen Ast des gleichen Baumes sitzt und mit mir plaudert. Aber ganz besonders schön ist der Ton, der sich ergibt, wenn man einen Kirschenstein mit großer Kraft ausspuckt. Ich tue das oft, weil es mir gefällt. Zu Hause darf man das ja nicht tun.

Es gibt jetzt noch die drei höheren Sinne, mit denen man die Sprache, die Gedanken und auch das 'Ich' des anderen Menschen wahrnimmt. Alle diese Sinne betätige ich, wenn ich auf das höre, was mir mein Freund oben auf dem Kirschbaum alles erzählt. Ich glaube, man braucht den 'Ichsinn' ganz besonders, wenn man den Feldschütz von ferne sieht. Man kann ihn kaum unterscheiden von den Büschen, hinter denen er hervorkommt, aber man sieht dann sofort, daß es ein Mensch ist und keine Vogelscheuche.

Da das Wohlbehagen und der Genuß um so größer sind, je mehr Sinne daran beteiligt sind, muß man sagen, daß die Kirschen, die auf dem Baum gegessen werden, die allerbesten sind.

Ich weiß, man soll nicht stehlen. Aber erstens haben wir selber keinen Kirschbaum zu Hause. Zweitens, wenn man aufpaßt, daß man den Baum nicht beschädigt, ist es nicht so schlimm. Und drittens weiß ich von meinem Freund, daß der Pächter, dem die Kirschenwiese gehört, früher als Bub selber genug Kirschen gestohlen hat.»

Kind Empfindungsseele
Verstandes- u. Gemütsseele } gesamtes Seelenwesen
Bewußtseinsseele

# DER MENSCH ALS SEELENWESEN

Durch seine Leiblichkeit ist der Mensch den ihn umgebenden Naturreichen verwandt. Durch sein Seelenleben ist er ein Wesen mit einem Innenleben. Dieses Innenleben ist beim Menschen dreifach verschiedener Art. Zunächst vermag die Seele auf einen Sinneseindruck mit einem Innenerlebnis zu reagieren. Der Ausdruck dieser Reaktion ist das Gefühl von Sympathie oder Antipathie. Diese Gefühle sind die Grundkräfte des seelischen Lebens. Die Sinneseindrücke, die solche Gefühle hervorrufen, können sowohl von außen an die Sinnesorgane herankommen als auch Zustände der eigenen Leiblichkeit zur Ursache haben. Wo immer das seelische Leben auf einen Sinneseindruck mit dem Gefühl von Sympathie oder Antipathie antwortet, hat man es mit der Empfindungsseele zu tun. Sie ist das erste Glied des Seelenwesens. In diesem Sinne ist auch das Tier mit einer Empfindungsseele begabt.

Aber die Menschenseele bleibt bei den durch die Sinneseindrücke hervorgerufenen Empfindungen nicht stehen. Sie nimmt diese Empfindungen nicht allein zum Anlaß einer unmittelbaren leiblichen Reaktion. Sie vermag zwischen den Sinneseindruck und die Reaktion das Denken zu stellen, sei es dadurch, daß dieses Denken die verschiedenen Sinneseindrücke aufeinander bezieht und damit zu einem Verständnis der Welterscheinungen kommt, sei es, daß das Denken den von außen kommenden Eindruck mit dem Innenleben der Seele in Beziehung setzt und dadurch einen Gemütseindruck schafft. Durch die denkende Betätigung ersteht so ein zweites Seelenglied, die Verstandes- oder Gemütsseele.

Wo aber die Seele sich in sich selbst erfassen kann in unmittelbar bewußtem Innenerlebnis – ein Zustand, der nur als Ergebnis eines bewußten Willensaktes sich einstellen kann – da ist sie Bewußtseinsseele, sie erfaßt sich selbst als ein drittes Glied des gesamten Seelenwesens.

Diese drei Seelenglieder sind in jedem Menschen veranlagt. Doch treten sie nicht mit der Geburt des Kindes und gleichzeitig in Erscheinung. Das kleine Kind, das noch ganz Sinneswesen ist, lebt ganz in den Kräften der Empfindungsseele. Langsam entfaltet sich die Verstandes- oder Gemütsseele. Durch sie wird das Kind im eigentlichen Sinne belehrbar. Mit dem Aufkeimen der Bewußtseinsseele kann der Mensch zur Selbsterziehung kommen.

Astralleib
Ätherleib: Träger v. bleibenden Gewohnheiten, Charakter, Temperament, Gedächtnis

# DER MENSCH ALS GEISTWESEN

Die mehr oder weniger dogmatisch ausgesprochene Behauptung, daß der Mensch nur aus Leib und Seele bestehe, ist das größte Hindernis für ein Begreifen der Menschenwesenheit. Denn die Idee des Menschen bleibt unvollständig ohne den Begriff des schöpferischen Geistes. Der Mensch muß begriffen werden als das einzige Weltenwesen, das so in einem physischen Leibe leben kann, daß es in und an diesem Leibe ein Selbstbewußtsein zu entfalten vermag, und das sich selbst seine Bestimmung geben kann, nämlich die ihm von der Welt gegebenen Wesensglieder der Leiblichkeit und der Seele aus Einsicht und in Freiheit zu höheren Organen des Geistes umzugestalten. Alle Erziehung, alles Kulturschaffen müßte sinn- und ziellos sein, gäbe es nicht diesen Ausblick auf den freien Menschen, der gerade durch sein freies Handeln im höchsten Einklang mit der Weltordnung stehen kann. Alles Erdgeschehen, wenn es begriffen wird, ist Mittel zu diesem Ziel.

Die Geisteswissenschaft kann auf die Wege dieser Umwandlung hinweisen. Das Ich, das als Geist in der Seele lebt, vermag die leiblichen Wesensglieder, also den Astralleib, den Ätherleib und den physischen Leib durch seine Tätigkeit umzugestalten. Diese Tätigkeit kann auf jeder Bewußtseinsstufe sich vollziehen. Jahrhunderte und Jahrtausende haben dieser Umwandlung gedient. Die Geisteswerke der Menschheit, die religiösen Offenbarungen, die großen Kunstschöpfungen, die verschiedenen Formen des menschlichen Zusammenlebens, sie alle dienten und dienen dieser Entwicklung. Bis in die Einzelheiten kann gezeigt werden, welche Betätigungen des Menschen umgestaltend auf den Astralleib, der doch der Träger der Triebe, Begierden und Leidenschaften ist, wirken, was für Seelenübungen und -verrichtungen notwendig sind, um den Ätherleib, der im Menschen der Träger von bleibenden Gewohnheiten, Charakter, Temperament und Gedächtnis ist, zu einem höheren Geistglied der Menschenwesenheit umzuwandeln, und auch darauf kann hingewiesen werden, wie der physische Leib die Möglichkeit zur Umwandlung in einen künftigen Geistleib in sich birgt.

Die Geisteswissenschaft nennt den durch das Ich umgewandelten Astralleib das *Geistselbst,* den umgewandelten Ätherleib den *Lebensgeist* und den umgewandelten physischen Leib den *Geistesmenschen.*

Der Erzieher, der ein gründliches Bewußtsein von seinem Tun haben will – und alles unbewußte oder halbbewußte Handeln auf pädagogischem Felde führt in die Zukunft hinein doch nur zu Halbheiten und damit zu schweren Gefährdungen des sozialen Lebens –, wird ein solches Menschenbild, wie es die anthroposophische Geisteswissenschaft aufzeigt, nicht entbehren können. Es gehört zu den vordringlichsten Aufgaben unserer Zeit, daß diejenigen, die sich für Kulturträger halten, ein solches Menschenbild in ihr Denken aufnehmen. Und der rechte Erzieher will doch Kulturträger sein!

## DER MENSCH ALS ZEITENWESEN

Mit der Darstellung der Wesensglieder des Menschen ist das Bild des Menschen noch nicht vollständig gezeichnet. Es muß gefragt werden: Wie stellt sich dieses vielgliedrige Menschenwesen in den ganzen Verlauf der Weltentwicklung und der Geschichte? Was tritt als menschliche Individualität ins Dasein durch die Geburt? Sind Geburt und Tod einfach Beginn und Ende des Erdenlebens? Davor und danach nur der Zustand einer permanenten Bewußtlosigkeit? Ist die Menschenindividualität ein Ergebnis der Vererbungskräfte und der Einflüsse der Lebensumwelt?

Man kann alle diese Fragen für unwesentlich halten, man kann sie unterdrücken, man kann sie aus dem Feld der wissenschaftlichen Forschung verweisen, man kann sie ignorieren, sie werden doch immer wieder aus den Tiefen der menschlichen Seele aufsteigen, wenn diese sich vor die Lebensrätsel gestellt sieht, die ohne eine hinreichende Beantwortung dieser Fragen das Dasein nur zu einem unbefriedigenden machen. Als Lehrer und Erzieher kann man am allerwenigsten an diesen Fragen vorbeigehen. Denn jedes Kind ist eine lebendige Verkörperung dieser Fragen. Und eine Wissenschaft ist ihres Namens nicht wert, wenn sie solche Fragen nicht zu stellen und nicht zu beantworten vermag. Eine bloße Naturwissenschaft kann aber die Antwort nicht geben. Das vermag allein eine Geisteswissenschaft.

Daß die menschliche Individualität als Geistseele aus einer geistigen Welt durch die Geburt ins Dasein tritt, daß sie also schon lange vor der Erdengeburt als Geistwesen präexistiert, war in den ältesten Zeiten der Menschheitsgeschichte eine gegebene Erfahrungswahrheit. Je mehr der Blick des Menschen auf die Sinneswelt gelenkt wurde und je mehr der Verstand sein Weltbild entwarf, desto mehr verdunkelte sich die uralte Geist-Erfahrung von der Himmelsabkunft des Menschen. Die heutige Geisteswissenschaft kann aber exakt auf dieses vorgeburtliche Dasein und auf frühere Erdenleben hinweisen, also auf die Tatsache, daß der durch die Geburt ins Erdenleben tretende Mensch schon seine ureigensten Schicksalsvoraussetzungen mitbringt. Der unbefangene Lehrer und Erzieher wird in jedem Kinde dieses absolut Einmalige und Einzigartige erkennen, das im rechten Sinne als ein Geistig-Unteilbares sich ins Erdenleben stellt, sich der Vererbungskräfte bedient und sich seine Lebensumgebung sucht, um seinen ihm eigenen und notwendigen Schicksalsweg zu gehen. Ja, er wird sogar zu der Erfahrungsgewißheit kommen, daß Erziehung überhaupt nur deshalb möglich ist, weil die Menschenseele beim Eintritt in das Erdendasein auf Altbekanntes auftrifft, daß das Geheimnis des Lernens letztlich nur «sub specie reincarnationis» zu begreifen ist. Er kann fühlen, daß er seine Aufgabe darin sehen muß, an der rechten Vereinigung der aus den himmlischen Welten kommenden Geistseele mit der aus dem Erdenreich stammenden Körperleiblichkeit mitzuarbeiten, eine Arbeit, an der höhere Geistwesen vor der Geburt gewirkt haben und die er fortsetzen darf.

Daß die Körperleiblichkeit in einem Zusammenhang mit den Vererbungskräften steht, ist unbestritten. Daß Einflüsse aus der Umgebung des sich entwickelnden Erdenmenschen gestaltend und umgestaltend wirksam sind, ist nicht minder einleuchtend. Aber man kann aus diesen Tatsachen nicht das «Ich» als Individualität erklären. Die gegenwärtige Naturwissenschaft will aber nur von diesen beiden Faktoren wissen bei der Erklärung der menschlichen Individualität. Dadurch kommt sie nicht zur Lösung dieses Welträtsels. Goethe war sich dieses Unvermögens der Naturwissenschaft bewußt. Für ihn blieb das Geheimnis der Individualität ein heiliges Wunder. Er wurde verdrießlich, wenn dieses Wunder aus den Vererbungskräften oder aus den Einflüssen der Umwelt «erklärt» werden sollte. Er rettete sein Eigenwesen, seiner Gewohnheit gemäß, vor solcher Verdrießlichkeit durch das Fortschreiten zur künstlerischen Produktivität. Er machte für die Vererbungstheoretiker ein Gedicht. Schade, daß sie es nicht verstanden haben. Denn sie zitieren das Gedicht zur Bekräftigung ihrer eigenen Meinungen. Man kennt die Verse:

«Vom Vater hab ich die Statur,
Des Lebens ernstes Führen,
Vom Mütterchen die Frohnatur
Und Lust zu fabulieren.

Urahnherr war der Schönsten hold,
Das spukt so hin und wieder;
Urahnfrau liebte Schmuck und Gold,
Das zuckt wohl durch die Glieder.»

Es gibt Bücher über Vererbungslehre, die dieses Goethe-Gedicht abdrucken, die aber klüglicherweise den folgenden Schlußvers unterschlagen, weil in diesem offenbar wird, daß es ein Spottgedicht ist. Der Schlußvers aber gehört dazu:

«Sind nun die Elemente nicht
Aus dem Komplex zu trennen,
Was ist denn an dem ganzen Wicht
Original zu nennen?»

Auch die Umwelt-Theoretiker kannte Goethe zur Genüge. Zwar war zu seiner Zeit jene Literatur-Betrachtungsart noch nicht geboren, die da glaubte, das Wesen eines Dichters verstanden zu haben, wenn sie den Nachweis erbrachte, wo in seiner Umwelt der Dichter einen bestimmten Gedanken oder ein Bild oder eine Wortbildung gefunden habe. Aber es gab «aufgeklärte» Wissenschaftler genug, die schon damals die Individualität aus den Umwelt-Einflüssen erklären wollten. Ihnen widmete Goethe die Verse:

«Von wem auf Lebens- und Wissensbahnen
Wardst du genährt und befestet?
Zu fragen sind wir beauftragt.»

«Ich habe niemals danach gefragt,
Von welchen Schnepfen und Fasanen,
Kapaunen und Welschenhahnen
Ich mein Bäuchelchen gemästet.
So bei Pythagoras, bei den Besten,
Saß ich unter zufriednen Gästen.
Ihr Frohmahl hab ich unverdrossen
Niemals bestohlen, immer genossen.»

Was aber sein Verhältnis zum Geheimnis der Individualität, zu ihrer Dauer und Bildbarkeit betrifft, das sprach er in seinem Vermächtnisbrief vom 15. März 1832 aus mit den Worten:

«Die Organe des Menschen durch Übung, Lehre, Nachdenken, Gelingen, Mißlingen, Fördernis und Widerstand und immer wieder Nachdenken verknüpfen ohne Bewußtsein in einer freien Tätigkeit das Erworbene mit dem Angeborenen, so daß es eine Einheit hervorbringt, welche die Welt in Erstaunen setzt.»

Und auch von der Unzerstörbarkeit der Entelechie wußte er: «Wirken wir fort, bis wir, vor- oder nacheinander vom Weltgeist berufen in den Äther zurückkehren! Möge dann der ewig Lebendige uns neue Tätigkeiten denen analog, in welchen wir uns schon erprobt, nicht versagen! Fügt er sodann Erinnerung und Nachgefühl des Rechten und Guten, was wir hier schon gewollt und geleistet, väterlich hinzu, so würden wir gewiß nur desto rascher in die Kämme des Weltgetriebes eingreifen. Die entelechische Monade muß sich nur in rastloser Tätigkeit erhalten; wird ihr diese zur anderen Natur, so kann es ihr in Ewigkeit nicht an Beschäftigung fehlen.»

Diese Worte Goethes sollen nicht die Ergebnisse der anthroposophischen Geistesforschung bestätigen. Sie sollen zeigen, wie ein ahnendes Wissen in die Nähe der Wahrheit zu kommen vermag, weil solches Wissen in den Tiefen einer jeden Menschenseele ruht.

In der Gegenwart sollte ein solches Wissen auf bewußte Art immer mehr Allgemeingut werden können. Der Lehrer und Erzieher kann jedenfalls auf ein solches Wissen nicht verzichten, wenn er noch einen Sinn in seinem selbstgewählten Beruf erblicken will.

# VON DEN ENTWICKLUNGSSTUFEN DES KINDES

## I

Im Jahre 1906 hielt Rudolf Steiner an mehreren Orten Deutschlands einen Vortrag über das Thema «Die Erziehung des Kindes vom Gesichtspunkte der Geisteswissenschaft». Auf Wunsch vieler Zuhörer ließ er bald darauf den Vortrag, zur Abhandlung umgearbeitet, im Druck erscheinen, zuerst in der Zeitschrift «Luzifer-Gnosis», dann in Buchform. Das kleine Büchlein – es umfaßt kaum 60 Seiten – enthält alle Keime für ein sachgemäßes Erziehen in unserer gegenwärtigen Kulturepoche. Pädagogische Schriften pflegen in unserer Zeit recht bald zu veralten. Denn der Verstand kann immer neue Prinzipien ersinnen. Solche Prinzipien sind oft Mode-Erscheinungen. Sie verlieren rasch ihre Gültigkeit. Aber in der genannten Schrift Rudolf Steiners, die heute doch schon über 70 Jahre alt ist, braucht kein Gedanke, kein Satz, kein Wort geändert zu werden, sie ist schlechthin «modern», ja, was sie enthält, bewahrheitet sich unter der Entwicklung der Zeitverhältnisse nur immer mehr.

Eine solche Tatsache könnte zu denken geben.

Zu den fundamentalen Erkenntnissen, welche diese Schrift vermittelt, gehört der Hinweis auf die Tatsache, daß bei der Entwicklung des Kindes und des jüngeren Menschen nicht nur von *einer* Geburt, nämlich derjenigen des physischen Leibes, die Rede sein darf, sondern daß auch die anderen Wesensglieder des Menschen «geboren» werden.

Was ist eine Geburt? Ein Wesen, das sich unter bestimmten Bedingungen innerhalb einer Hülle entwickelt hat, löst sich von dieser Hülle los und führt die Entwicklung unter neuen Daseinsbedingungen weiter. Dabei ist dasjenige, was sich innerhalb der Hülle zur Entwicklung gebracht hat, schon die Voraussetzung für das Leben in der neuen Entwicklungsphase. Die neuen Umweltbedingungen können und dürfen nicht auf das sich entwickelnde Wesen wirken, so lange dieses seine Entwicklung in der Hülle noch nicht abgeschlossen hat.

Mit der physischen Geburt tritt der Mensch in ein neues Verhältnis zur physischen Umwelt, zu den Schwereverhältnissen und den Elementarkräften der Erde. Dieses Verhältnis ist dadurch möglich, daß sich am Leibe des Kindes schon innerhalb der Mutterhülle die Sinnesorgane gebildet haben. Und das kleine Kind ist ganz Sinnesorgan. Der Säugling schmeckt die Milch nicht nur mit der Zunge, seine ganze Körperlichkeit bis zu den Finger- und Zehenspitzen ist beim Aufnehmen der Nahrung Geschmacksorgan. Dasselbe gilt für alle übrigen Sinnesorgane in gleicher Weise. Nicht nur das Auge ist licht- und farbempfindlich, die ganze Körperoberfläche ist es. Nicht nur das Ohr empfängt die Gehörseindrücke, das Kind ist in Wirklichkeit beim Wahrnehmen der tönenden und klingenden Welt «ganz Ohr».

Beim erwachsenen Menschen stellt sich jedem Sinneseindruck das Bewußtsein entgegen. Dadurch wird der Sinneseindruck in seiner Wirkung abgeschwächt. Das Kind kann diese Tätigkeit nicht vollziehen. Jeder Sinneseindruck hat eine unmittelbar gestaltende Wirkung auf das Kind. Noch mehr. Das Kind kommt der Bildekraft der Sinneseindrücke mit eigener Bildekraft entgegen. Es antwortet jedem äußeren Eindruck mit einer innerlichen nachahmenden Gebärde. Es gestaltet sich in seiner Leiblichkeit nach der Art der Sinneseindrücke, die herankommen.

Der Mensch, der durch die Geburt in ein neues Erdendasein tritt, hat viele Erdenleben und viele Himmelsepochen schon erlebt. Betritt er die Erde wieder, so hat diese sich im Zeitenlauf auch verändert. Es muß daher die neue Leiblichkeit sich den neuen Erdenbedingungen anpassen. Darum muß der Mensch als Kind geboren werden. Er muß sogar sein vorgeburtliches kosmisches Bewußtsein verlieren und nur langsam findet er sich selbst mit seinem Erdenbewußtsein. Von der geistigen Welt aus hat er schon vor seiner Geburt an der Gestaltung seiner künftigen Leiblichkeit mitgearbeitet. Er tat dies im Verein mit höheren Geistwesen. Aus dieser gemeinsamen Arbeit bringt der Mensch eine Himmelsgabe mit auf die Erde: das Weltvertrauen. Dieses Vertrauen findet seine Offenbarung beim kleinen Kinde in jener Kraft der Nachahmung, die für das Kind das hohe Leitmotiv für das erste Jahrsiebent seines Erdenlebens ist. Diese göttliche Kraft der Nachahmung, die eine Vertrauenskraft religiöser Art ist, läßt das Kind jedem Sinneseindruck so begegnen, daß es ihm mit einer inneren Gebärde antwortet. Diese Gebärde verstärkt die Bildekraft des Sinneseindrucks. Und die Bildekraft wirkt auf die Gestaltung der leiblichen Organe. Diese Organe haben eine vorläufige Gestalt durch die Kräfte der Vererbung. Die Individualität des Kindes wandelt diese Modellgestalt gemäß ihrer eigenen Schicksalsbedingungen um. Eine solche Umwandlung kann mit mehr oder minder großer Kraft geschehen. Ausdruck einer starken Kraft sind die Kinderkrankheiten, die je nach dem

Temperament des Kindeswesens als Masern, Scharlach, Keuchhusten usw. sich einstellen. Das Eintreten einer solchen Krankheit sollte nicht durch entsprechende Einflußnahme von vorneherein verunmöglicht werden. Es würde ein solches Vorgehen die Gesamtnatur des Kindes schwächen.

Was in der Umgebung des Kindes vor sich geht, wirkt organgestaltend auf die Leiblichkeit. Und da von der Leiblichkeit Entscheidendes für das ganze kommende Erdenleben abhängt – bei der Frage nach der moralischen Seite der Erziehung wird davon noch gesprochen werden –, kann es nur eine Aufgabe geben für den Erwachsenen, dem das kleine Kind zur Erziehung anvertraut ist: die Umgebung des Kindes (und damit auch sich selbst) absolut vorbildlich und nachahmenswert zu gestalten. Ein solcher Gedanke schließt mehr ein, als zunächst geglaubt werden mag. Er umschließt nicht nur leibliche, sondern auch seelische und geistige Aufgaben. Denn auch das seelische und geistige Leben der Umgebung des Kindes gelangt auf dem Wege des Sinneseindrucks zum Kinde. Die Verantwortung gegenüber dem sich entwickelnden Kinde ist nicht gering. «Wir haben in unserer Ehe von Anfang an oft große Meinungsverschiedenheiten gehabt», erzählt die Mutter eines nervösen Schulkindes, «aber wir haben nie in Gegenwart des Kindes miteinander gestritten. Das Kind kann davon nichts gemerkt haben.» Ja, wenn ein kleines Kind in seiner Sinnesorganisation so abgestumpft wäre wie die meisten Erwachsenen! Aber weiß denn die Mutter nicht, daß sie nach einer erregten Auseinandersetzung mit dem Vater eine ganz veränderte Sprache und Stimme hat, daß sie anders atmet, anders sich bewegt und daß alle diese Veränderungen den Stempel der seelischen Unzulänglichkeit an sich tragen? Daß die seelische Unzulänglichkeit des Erwachsenen beim Kinde leibgestaltend wirkt?

Arme Kinder des 20. Jahrhunderts! Eure Nahrung ist sterilisiert und hinterher «durch Vitamine angereichert». Statt des mütterlichen Wiegenliedes plärrt euch ein Lautsprecher ein Radioprogramm vor. Ihr kennt nicht mehr den Anblick eines alten Menschen, der andächtig in seinem Lehnstuhl das Buch der Bücher liest. Ihr bekommt Spielzeug, das eure Phantasiekräfte zum Verdorren bringt. Eure berechtigten Wünsche könnt ihr euren klugen Eltern nicht vorbringen, weil euch noch die Sprache mangelt. Und wenn ihr dann durch Nachahmung gelernt habt, törichte Wünsche hervorzubringen, so werden diese von euren Eltern erfüllt, und die Eltern glauben dann noch, das Rechte getan zu haben. In Wahrheit aber wollen sie durch Erfüllung eurer törichten Wünsche sich ihren Erzieherpflichten entziehen. Ihr kennt nicht mehr die Seligkeit, die darin liegt, durch viele Jahre an einem und demselben lieben Erdenorte auf-

individuelle Erziehung?

zuwachsen. Mit drei Jahren seid ihr schon nach Mallorca oder nach Ägypten oder an den Polarkreis von euren daseinsunbefriedigten Eltern mitgenommen worden. Eure Eltern sind reich an Erdengütern und ihr verarmt dabei. Ihr findet in eurer Umgebung keine verehrungswürdigen Menschen mehr, darum könnt ihr das Verehren nicht mehr lernen. Ihr kennt schon die ganze Welt aus euren Kinderbüchern, angefangen von dem Urnebel, aus dem sich nach der Meinung der Erwachsenen die Erde gebildet haben soll und alles, was auf ihr ist, bis zum Atomkraftwerk und seinem Aufbau. Ihr könnt gar nichts Neues mehr erfahren, denn ihr wißt schon alles. Ihr könnt euch nicht mehr freuen an einer rechten Speise, weil eure Nahrungsinstinkte schon in früher Jugend verdorben worden sind. Ihr habt nie das Glück erfahren, das darin liegt, einem Erwachsenen und seinen sicheren Anweisungen gehorchen zu dürfen. Und wenn ihr dann in das entsprechende Lebensalter kommt, dann nennen euch die hilflosen Erwachsenen verächtlich die «Halbstarken» oder vornehmer «die skeptische Generation». Und wer ist schuld an diesen Dingen? Die Einsichtslosigkeit der vorangehenden Generationen.

Kriegsnöte und Entbehrungen vermögen die Menschen nicht besser zu machen.

Wirtschaftswunder und Reichtum vermögen es auch nicht.

Moralthesen am allerwenigsten, wo immer sie herkommen mögen.

Aber man kann neue Gedanken suchen und sie finden. Gedanken, die zu Einsichten führen. Einsichten, die Impulse zu Taten werden lassen.

Die kleine Schrift «Die Erziehung des Kindes vom Gesichtspunkte der Geisteswissenschaft» enthält eine Fülle von solchen großen, neuen Gedanken.

*

Aus dem Dargestellten ergibt sich, daß die Zauberworte «Nachahmung» und «Vorbild», welche das Geheimnis der Erziehung im ersten Lebensjahrsiebent enthüllen, nur durch die Selbsterziehung des Erwachsenen zur rechten praktischen Anwendung kommen können. Ohne diese ist auf pädagogischem Gebiete nichts zu erreichen. Man könnte sogar sagen: letztlich ist alle Erziehung nur Selbsterziehung. Und selbst das Ich des Kindes, sich seiner selbst noch nicht bewußt, erzieht sich am Ich des anderen Menschen und an der Umwelt. Damit fällt auch die Berechtigung jener Forderung weg, die immer spricht von der Notwendigkeit einer «individuellen Erziehung» eines jeden Kindes. Eine solche Forderung kommt nur aus einem Nichtverstehen des Menschenwesens. Der Erzieher wirke im Sinne der Entwicklungsgesetze des Menschen (die er durch Geisteswissenschaft kennenlernen kann) und die Individualität des Kindes wird sich auf die rechte Art an den pädagogischen Maßnahmen des kundigen Erziehers von selbst, d. h. vom eigenen Selbst aus, heranbilden.

Der Abschluß des ersten Lebensjahrsiebents äußert sich in der Entwicklung des Kindes durch den Zahnwechsel. An die Stelle der «vererbten» treten die «eigenen» Zähne. Aber auch mit dem Gesamtwesen des Kindes vollzieht sich eine bedeutende Umwandlung. Dieser Umwandlung liegt das Selbständigwerden des Ätherleibes zugrunde. Wie der physische Leib vor der Erdengeburt des Kindes innerhalb der physischen Mutterhülle zur Entwicklung gekommen war, so hat sich der Ätherleib des Kindes von der physischen Geburt bis zum Zahnwechsel innerhalb einer Ätherhülle entwickelt. Der äußere Ausdruck dieses Entwicklungsprozesses kann in dem Verhalten des Kindes gesehen werden. Dieses unterscheidet bis zum Abschluß des ersten Lebensjahrsiebents sein eigenes Innenleben noch nicht in der gleichen Art von dem Sein und Leben seiner Umgebung, wie dies später der Fall ist. Erst mit der Geburt des Ätherleibes, der sich zu dem genannten Zeitpunkt gegenüber den Ätherkräften der Umgebung individualisiert, vermag diese Unterscheidung einzutreten.

Das seelische Leben des Kindes wandelt sich entscheidend durch die Geburt des Ätherleibes. Die instinktiv nachahmenden Kräfte des Kindes, welche in umfassender Art zur Leibesgestaltung geführt haben, treten mehr und mehr zurück. Dafür wird die Kindesseele auf eine ganz neue Art offen für ein bewußtes Hinnehmen dessen, was vom Erwachsenen ihr zukommen kann. Mit diesem Lebensaugenblick hat das Kind die Schulreife erreicht. Das Verhältnis, das jetzt zwischen dem Kinde und dem Lehrer sich herausbildet, ist nicht mehr auf Nachahmung und Vorbild, sondern ist auf selbstverständliche Autorität gegründet.

Selbstverständliche Autorität! Das Kind adelt durch sein Verhalten den Lehrer. Es verleiht ihm die Würde zu seinem erzieherischen Tun. Es anerkennt aus seinem tiefsten Seelengrunde, daß in dem Lehrer, in dem Erzieher etwas lebt, das es sich selbst aneignen darf. Es möchte vom Lehrer Gebote empfangen. Es möchte sich in seinem ganzen Sein und Werden nach dem geliebten Lehrer orientieren können. Es sehnt sich nach der Autorität des Lehrers.

Wer dem Kinde im zweiten Lebensjahrsiebent das Dauererlebnis der selbstverständlichen Autorität versagt, schädigt es für sein ganzes Leben. Das Kind, das solche Autorität nicht erleben darf, wird schwach, unselbständig. Es kann, erwachsen geworden, nicht zum Erleben der Freiheit, nicht zum Handeln aus eigener Einsicht kommen. Es kann sein Menschentum nicht verwirklichen, es kann sein Schicksal nicht begreifen und selber gestalten. Es vermag dann nur in Abhängigkeiten zu leben.

Zu der Einsicht in das selbstverständliche Autoritätsverhältnis zwischen dem Erzieher und dem Kinde in seinem zweiten Lebensjahrsiebent muß noch das Verständnis für die Tatsache kommen, daß das Kind in diesem Lebensabschnitt kein inneres Wesensverhältnis zum einseitigen Intellekt und zur abstrakten Aneignung von Fertigkeiten haben kann. Dieses Verhältnis kann vom Kinde erst nach der Erdenreife – von der die Geschlechtsreife nur eine Teilerscheinung ist – gewonnen werden. Es handelt sich also für diese Altersstufe in umfänglichstem Maße darum, daß die Gemüts- und Willenskräfte des Kindes in Anspruch genommen werden. Das kann durch den Intellekt nicht geschehen. Das ist nur möglich durch ein Bild-Erleben, das von echtem künstlerischem Sinne getragen ist. Wenn also oben gesagt ist, daß das Kind dieser Altersstufe lechzt nach den Geboten und den Anweisungen des Erziehers, so kann es sich gerade darum nicht handeln, diese Gebote in der Form abstrakter sittlicher Prinzipien auszusprechen, sondern nur darum, daß für das sittlich Erstrebenswerte lebendige Bilder gefunden werden, desgleichen aber auch die entsprechenden abstoßenden Bilder für das moralisch Minderwertige. Gut, schön und wahr ist das, was der Lehrer für gut, schön und wahr aus seiner innersten Überzeugung halten kann.

Aber das Kind soll auf dieser Altersstufe doch auch etwas «lernen», das ihm in der Form des Wissens zur Verfügung steht. Damit kommen wir an die vieldiskutierte Frage der Gegenwart (deren Erziehungsideal offen oder insgeheim immer noch der «Doktor» ist), die Frage, die oft in der Form der Behauptung ausgesprochen wird: Unsere Kinder können nicht mehr so gut lernen. Ist das wahr?

## VOM LERNEN UND VERSTEHEN

Auf dreifach verschiedene Art kann der Mensch sich den Erscheinungen der Welt gegenüberstellen. Zunächst kann er zu den Sinneseindrücken die Begriffe suchen. Er verbindet die Begriffe mit der wahrgenommenen Welt. Dadurch bringt er sich in ein erkennendes Verhältnis zu dieser Welt. Er beginnt die Welt zu verstehen und nach Maßgabe seines Verständnisses in der Welt zu wirken.

Er kann aber die Welt auch in ihrer Schönheit empfinden. Zu dem erkennenden Verhalten tritt das ästhetische Fühlen. Dabei handelt es sich nicht um ein Auffinden der Gedankenwahrheit, sondern um eine andere Art der Verbindung der Welterscheinungen mit dem Seelen-Innern. Wird der erkennende Mensch zum wissenschaftlichen Forscher, so wird der ästhetisch Erlebende zum schöpferischen Künstler. Er will die Brücke vom Seelen-Innern zur Welt durch das künstlerische Schaffen schlagen. Schiller hat in seinen «Briefen über die ästhetische Erziehung des Menschen» so großartig auf diese zentrale Wesensoffenbarung des Menschen hingewiesen.

Doch ein drittes Verhältnis zur Welt ist möglich. Dieses tritt ein, wenn die Welt zur Offenbarung der göttlichen Schöpfermächte wird. Da fühlt sich das Seelen-Innere im unmittelbaren Einklang mit der Welt der Erscheinungen. Denn diese Erscheinungen sind für die religiös gestimmte Seele die Gewißheit, daß in ihnen das Göttliche auf gleiche Art lebt wie in ihr selbst. Der aus solchem Erleben handelnde Mensch wird zum moralisch Handelnden.

So tritt der Mensch der Welt gegenüber als ein denkend Erkennender, als ein ästhetisch Fühlender und als ein Wesen, das sich als moralisch Handelnder in unmittelbarem Einklang mit dem Weltengrunde wissen darf.

Es wäre aber einseitig gedacht, wenn geglaubt würde, daß nur durch Begriffe die Welt verstanden werden könnte. Gewiß ist, daß für den Menschen die Welt «erkannt» werden muß. Aber es muß der Begriff des Erkennens weiter und tiefer gefaßt werden als dies gemeinhin heute in der naturwissenschaftlichen Denkart zu geschehen pflegt. Wenn Erkennen nur ein Nachbilden der Dinge der Außenwelt im Innern der Seele wäre, dann könnte der Mensch letztlich überhaupt nicht zu einer wirklichen Erkenntnis der Dinge kommen, geschweige zu einer Erkenntnis des eigenen Wesens. Erst wenn das Erkennen als ein im echten Sinne künstlerischer Prozeß erfaßt wird, der den Menschen zum Mitschöpfer am Weltenbau macht, wenn das Erkennen nicht mehr bloß darin besteht, daß Denkschablonen über die Mannigfaltigkeit der Welterscheinungen gelegt werden, sondern der Mensch sich durch seine Erkenntnis in einen unmittelbaren Einklang mit den Dingen zu bringen vermag, erst dann ist der Begriff der Erkenntnis richtig gefaßt. Dann aber erweist sich, daß es absurd ist, von grundsätzlichen «Erkenntnisgrenzen» zu sprechen. Und ebenso absurd, das menschliche Erkennen nur auf das Feld von Maß, Zahl und Gewicht einschränken zu wollen.

Hier wird auch die Einsicht kommen müssen, daß es ein Wissen gibt, das unbewußt in den Tiefen der Menschenseele waltet. Daß dieses Wissen überhaupt nur die Grundlage für Belehrung und Erziehung abgeben kann. Was hilft es also, wenn zum Bewußtmachen des unbewußten Wissens von außen her ein solches «Verstehen» an das Schulkind herangebracht wird, das in abstrakten Begriffen besteht? Ein «Verstehen», das durch Examina überprüfbar ist? Das «getestet» werden kann? Entfernen wir uns durch diese Methoden nicht weit weg von der wahren Wesensart des Kindes?

Hier ist die Stelle, wo das Faktum der Autorität zum ungeheuerlichsten Mißbrauch der Kindesnatur werden kann. Denn das Kind nimmt auch abstrakte Begriffe und Moralgebote und Parteidoktrinen auf Grund des Autoritätsverhältnisses auf. Aber abstrakte Begriffe sind nicht wandlungsfähig. Und die Begriffe, die wir dem Kinde geben, müssen bildhaft, beweglich und wandlungsfähig sein. Man würde ja das Kind sonst zwingen, das Schulwissen unverändert durchs Leben zu tragen. Dies aber widerspricht dem Wesen des Menschen, das auf die Entfaltung immer neuer Kräfte hin veranlagt ist. «Erkenntnis ist auf jeder Stufe anders», dieses Wort gilt für die gesamte Menschheitsentwicklung so gut wie für die Entwicklung des einzelnen Menschenwesens zwischen Geburt und Tod. Der bloße Intellekt aber ist unveränderbar. Darum können Gymnasiasten so «gescheit» sein wie alte Leute. Soferne es eben den Intellekt betrifft. Deshalb bedarf es keiner Verehrung des Alters mehr, wenn das Alter sich nur auf intellektuelle Art zu geben vermag und wenn der junge Mensch nur die intellektuelle Haltung als die einzig gültige anerkennen kann. Bringen wir daher dem Schulkinde im zweiten Lebensjahrsiebent sein Wissen nur auf intellektuelle Art bei, so lassen wir es für seine Lebenszukunft innerlich veröden. Seelenverödung führt aber zum Nihilismus. Intellektualistische Erziehung führt zu Krebserkrankungen des sozialen Organismus.

Wissensstoff in künstl. Bildhaftigkeit

Das vorwurfsvolle Wort vom «unverstandenen Wissensstoff» kann für das zweite Lebensjahrsiebent des Kindes gar nicht gelten, wenn es dem Lehrer gelingt, dasjenige, was er dem Kinde zu sagen hat, nicht auf abstrakt-intellektuelle Weise, sondern auf lebensvolle Art in künstlerischer Bildhaftigkeit beizubringen. Aber verhängnisvoll ist es, wenn geglaubt wird, an das Kind dürfe im Unterricht nur dasjenige herangebracht werden, was es voll «verstehen» kann. Ein so erzogenes Kind müßte später zu der Meinung kommen, daß es alles verstünde, daß es nichts Rätselhaftes und vorläufig Unbegreifliches gebe, es müßte zu einer schlimmen Form von intellektuellem Hochmut kommen. Es würde eine der edelsten Menscheneigenschaften, welche die Grundlage zu jeder höheren Erkenntnis ist, entbehren müssen: das Verehren-Können.

Es sei hier das Wort eines einsichtsvollen Menschen wiedergegeben. Vor über 100 Jahren schrieb Jeremias Gotthelf (in «Der Sonntag des Großvaters», 1852): «Laß dich nicht irren das Geschrei, daß die Kinder alles begreifen müßten, sonst sei es gefehlt. Das ist läppisch und macht die Kinder dumm. Darum werden die Kinder so dumm jetzt in den Schulen, weil man ihnen alles begreiflich machen will, und was man nicht begreiflich machen kann, dummerweise verachtet. O Kind, wenn die Menschen wüßten, wie niedrig der Mensch bleibt, der nichts im Kopfe hat als Begreifliches.»

## VON DEN ENTWICKLUNGSSTUFEN DES KINDES

### II

Im Verlaufe des zweiten Lebensjahrsiebents treten zwei für das Kind bedeutungsvolle Zäsuren ein, deren eine im ersten Drittel des 10. Lebensjahres, die andere im letzten Drittel des 12. Lebensjahres liegt. Zu beiden Zeitpunkten vollzieht sich eine Umwandlung im Verhältnis des kindlichen Seelenlebens zur Außenwelt. Wir können also in diesem zweiten Lebensjahrsiebent drei Epochen unterscheiden. In der ersten Epoche lebt das Kind noch im Nachklang der Nachahmungskräfte seiner ersten sieben Lebensjahre. Es hat die Tendenz, alle Dinge der Welt auf den Menschen zu beziehen. Es darf daher in diesem Lebensalter ein gewisser Anthropomorphismus in der Gestaltung des Unterrichtes zu Recht bestehen. Die Dinge und Vorgänge der Welt dürfen sich auf menschliche Art aussprechen. Der Lehrer soll der künstlerische Vermittler einer solchen Sprache sein.

Nach dem vollendeten neunten Lebensjahr tritt das Ich-Gefühl des Kindes in ein neues Verhältnis zur Welt. Der Übergang zu der neuen Lebensphase ist für das Kind mit einem feinen Seelenerlebnis verbunden, das als eine leise Krisis des selbstverständlichen Autoritätserlebnisses bezeichnet werden kann. Für kurze Zeit lebt in der Seele des Kindes eine Frage, die etwa lauten könnte: «Was gibt dem Lehrer das Recht, Lehrer zu sein?» Rudolf Steiner hat immer wieder auf diesen Krisenaugenblick in der kindlichen Entwicklung hingewiesen. Der Lehrer muß diesem Augenblick innerlich standhalten können. Das Kind muß rasch und wie selbstverständlich das liebgewordene Autoritätsverhältnis wiederfinden können. Der Lehrer kann das Kind pädagogisch gut über diese Bewußtseinsschwelle geleiten, wenn er jetzt eine Metamorphose seiner Methodik vornehmen kann. Haben bis dahin die Dinge und Vorgänge der Welt sich auf menschliche Art ausgesprochen (was für herrliche Gespräche hat es doch gegeben zwischen dem Diamanten und der Kohle, dem Granit und der Arnika, dem wilden Rosenstrauch und der Weinrebe, dem Fuchs und dem Eichbaum, nicht zu gedenken der Zwerge und Elfen und anderer Naturgeister, ja, der Lehrer hat für dieses Alter nicht nur das himmlische Recht, sondern auch die heilig-irdische Pflicht, zum Märchendichter und Fabelerfinder zu werden!), so dürfen jetzt die Gestalten der Naturreiche in ihrer Beziehung zueinander auf naturkundliche – noch nicht naturwissenschaftliche – Art erfahren werden. Das Kind soll jetzt erleben dürfen, wie ein Tier nach seiner Gestalt und nach seinem Verhalten zu seinem ganzen Lebensumkreis gehört, wie eine Pflanze nur in einem bestimmten Erdenraum ihre notwendigen Lebensbedingungen finden kann, aber auch, wie die Tiergestalt eine einseitige Manifestation menschlicher Gestaltungsprinzipien ist und wie eine Pflanzengattung in innerer Beziehung zur Seelenstimmung einer menschlichen Lebensstufe steht.

Erst gegen das Ende des zwölften Lebensjahres erlangt das Kind die Fähigkeit, sachgemäß seinen verstehenden Blick auch auf diejenigen Dinge und Vorgänge der Welt zu lenken, die in ihren physischen Gesetzmäßigkeiten ganz unabhängig vom Menschenwesen erfaßt werden können. Da ist es dann an der Zeit, die physikalischen und chemischen Phänomene, Mineralogie und Meteorologie in den Unterrichtsplan aufzunehmen. Doch kann es sich auf dieser Altersstufe noch nicht darum handeln, Naturgesetze in rein mathematischer Form zum Ausdruck zu bringen, vielmehr sollten die Phänomene der betreffenden Sachgebiete genau erfaßt und aufeinander bezogen werden. Die rein wissenschaftliche Erkenntnisart sollte an das Kind erst nach dem vollendeten 14. Lebensjahr herangebracht werden.

Am Ende des zweiten Lebensjahrsiebents tritt abermals eine tiefgehende Veränderung der gesamten Menschennatur auf. Der Astralleib hat als Träger des seelischen Lebens sich bis dahin in einer astralischen Mutterhülle entwickelt. Jetzt erst verselbständigt er sich. Diese Verselbständigung des eigentlichen Seelenträgers im Menschen wird von dem Mädchen in ganz anderer Weise erlebt als vom Knaben. Für den Knaben ist die neue Situation so gegeben, wie sie für den Krebs oder die Schlange nach der körperlichen Häutung erlebt werden mag: eine gesteigerte Empfindlichkeit in der neuen «Haut». Aber dann wieder auch das tiefgründige Gefühl: du darfst diese Empfindlichkeit nicht offenbar werden lassen, verbirg sie hinter dem Schein von Kraftentfaltung oder von Gleichgültigkeit. Zeig dich ruppig den Erwachsenen gegenüber. Zeig ja nicht, wie du die gleichaltrigen Mädchen bewundern mußt, die dir doch weit voraus sind, die sich keck und sicher geben können, während du die Schwere deiner Arme, die auf einmal so ungeschickt werden wollen, nur dadurch aufheben kannst, daß du die Hände in die Hosentaschen steckst. Was braucht so eine Knabenseele jetzt? Und eine Mädchenseele nicht minder? Einen Lehrer, der bewundert werden kann um des großen Wissens willen, das dieser Lehrer jetzt auf einmal offenbart. Einen Lehrer, der die ganze Welt in die Schulstube trägt, keinen Fachspezialisten allein – so bewunderungswürdig die große Zahl

Gebt ihnen Ideale!

der Einzelkenntnisse des Lehrers auf seinem Fachgebiete auch sein mag, – einen Lehrer, der sich für alles in der Welt interessiert, der die Zeitereignisse nicht nur kennt, sondern sie auch zu deuten vermag, einen Lehrer, der Begeisterung erwecken kann für das Lernen, für das Erwerben von Wissen, einen Lehrer, der Humor hat und feines Taktgefühl, mit einem Wort: einen *Menschen!*

Seht doch, wie beim Knaben die zur Schau getragene rauhe Schale nur den zarten Kern schützen soll, der da aus der Seele sich als Keim zum echten Mannestum entfalten will! Seht das Mädchen, wie es die Welt jetzt bestaunt, wie es alles bewundern möchte, wie es sich keck und wacker in die Welt stellt, froh, daß die Seelenhülle abgeworfen ist und die Eigenkraft sich regen darf. Wie es seine neue Kraft erprobt an dem Lehrer, wie es genau ausprobiert, wie weit es den Lehrer reizen oder necken darf. Weh dem ungeschickten Lehrer, der den Buben dieses Alters anbrüllt, weh dem ungeschickten Lehrer, der die Kraftversuche des Mädchens als Beleidigung seiner eigenen werten Persönlichkeit auffaßt! Humor und feines Verständnis und geheimes zartes Mitgefühl mit diesem neugeborenen Seelenwesen sind jetzt die rechten Seelenbegleiter des Lehrers. Und sie sind doch so liebenswert, die jungen Menschen dieses Lebensalters! In ihrer ganzen Ruppigkeit und Schnippischheit!

Gebt ihnen Ideale, diesen jungen Menschen! Hohe Ziele, die sie erstreben sollen! Zeigt ihnen, daß es sich im höchsten Sinne lohnt, auf dieser Erde als Mensch streben zu dürfen! Zeigt ihnen, was große Menschen geleistet haben, die Helden und Heldinnen des Geistes und der Menschenliebe! Zeigt ihnen die Wunder dieser Welt von den Sternenweiten bis zum kleinen Infusor unter dem Mikroskop! Gebt ihnen einen leuchtenden Ausblick auf den Sinn des Lebens, unabhängig vom Parteigeschrei und Geisteszwang und Gelderwerb! Lehrt sie die höchste Achtung haben vor dem, was die menschlich Großen gedacht haben, damit sie selbst die rechte Reife zum Denken bekommen!

Damit das Rechte in diesem dritten Lebensjahrsiebent für den jungen Menschen geschehen kann, dazu ist notwendig, daß er aus seinen ersten sieben oder acht Schuljahren einen reichen Seelenschatz in Form von Erinnerungen an das auf allen Wissensgebieten Erlebte mitbringe. Bis jetzt hat er sein Wahrheitsempfinden an den Urteilen seiner Lehrer auf Grund des selbstverständlichen Autoritätsverhältnisses gebildet, jetzt darf er selber urteilen lernen und um so größer wird die Sicherheit des eigenen Urteils sein, je mehr sie sich gründen kann auf einen reichen Seeleninhalt, der im zweiten Lebensjahrsiebent erworben ist.

Zeitverhältnisse u. Gesetze der Kindesentwicklung / bestimmen den Lehrplan

# VOM LEHRPLAN

Aus dem bisher Dargestellten ergibt sich, daß ein richtiger Lehrplan zwei Forderungen erfüllen muß. Zunächst muß er der Tatsache Rechnung tragen, daß ein bestimmtes Kulturzeitalter ganz konkrete Forderungen an den Inhalt des Unterrichts stellt. Der Mensch der Gegenwart muß also durchaus in der Richtung gebildet und erzogen werden, daß er als selbständige Persönlichkeit in einer Zivilisationsumgebung leben kann, die bis in weite Verzweigungen des Lebens von den Wirkungen des naturwissenschaftlich-technischen Denkens beherrscht ist. Es wäre ein Unglück, wenn der von der Schule entlassene junge Mensch mit den Denkgrundlagen dieser ihn umgebenden Welt nicht vertraut wäre. Ja, es würde ihm unmöglich gemacht, auf rechte Weise sich in die sozialen Zusammenhänge zu stellen, wenn er nicht sich sagen könnte: ich habe auf Grund meiner Erziehung die Möglichkeit, die Gedanken, nach denen die mich umgebende Werk-Welt der Menschen gestaltet ist, bis in jede Einzelheit nachdenken zu können an jedem Ort, an den mich mein Lebensschicksal stellt.

So werden also die Forderungen an den *Inhalt* des Unterrichts weitgehend von Zeitverhältnissen bestimmt werden dürfen. Manches ragt da in unsere Gegenwart noch herein, was aus früheren Kulturepochen stammt. So z. B. die Meinung, daß eine wirkliche «Bildung» nur auf Grund der Kenntnis der Sprachen des klassischen Altertums möglich sei. Gewiß ist, daß die griechisch-römische Kulturperiode die Grundlage bildet für die abendländische Zivilisation. Und auch künftige Geschlechter werden immer wieder auf diese Epoche, in die auch das zentrale Ereignis der Menschheitsentwicklung fällt, verstehend hinschauen müssen, wenn sie zu einer rechten Gegenwartserkenntnis kommen wollen. Aber ob ein solches Verstehenkönnen nur auf der Grundlage der Kenntnis der griechischen und römischen Sprache möglich ist, das ist eine andere Frage. Sicher ist, daß ein gründliches Verstehen der griechisch-römischen Kulturepoche in unserer Gegenwart, da die schriftlich überlieferten Werke des antiken Geisteslebens in alle Sprachen der zivilisierten Welt übersetzt sind, durchaus möglich erscheinen muß, und daß es ein Mißtrauen in die Eigenkraft des Kulturschöpferischen ist, wenn geglaubt wird, daß gewisse Gedanken und Ideen zu ihrer Offenbarung durch das menschliche Wort einer Sprache bedürften, die bei aller Schönheit und Formkraft doch nicht mehr «lebendig» ist. Es könnte die Aufgabe der Hochschule sein, die Pflege dieser Sprache, so weit sie für bestimmte Wissenschaftsgebiete als notwendig erscheint, zu übernehmen. – Zu den seltsamen Phänomenen gehört es immerhin, daß die «Begabung» für das Erlernen der griechischen und lateinischen Sprache ganz rapide absinkt – ein Faktum, das uns nicht tragisch stimmen sollte. Sind nicht genügend neue Veranlagungen bei jeder jungen Generation vorhanden, die wir freudig begrüßen dürfen?

Der rechte Lehrplan muß also zum Ausdruck bringen, daß er den *wirklichkeitsgemäßen Forderungen der Gegenwart* Genüge leistet.

Von ungleich größerer Bedeutung ist aber, daß der Lehrplan in allerumfänglichstem Maße den *Gesetzen der Kindesentwicklung* gerecht werde. Der Zeitpunkt, an welchem ein entsprechender Unterrichtsinhalt an das Kind herangebracht wird, entscheidet darüber, auf welche Art, ob fruchtbar oder als Lebenshindernis, das Herangebrachte im späteren Leben wirksam wird. Es darf nicht von Zufälligkeiten oder von vorgefaßten und liebgewordenen Meinungen abhängen oder gar von Gesetzesforderungen des Staatslebens, *wann* ein Kind an ein neues Lerngebiet herangeführt wird. Darüber kann nur eine Menschenkenntnis entscheiden, welche in vollem Maße die Geburt und die Entwicklung der einzelnen Wesens- und Seelenglieder zu erkennen vermag. Eine solche ist aber heute nur auf dem Felde der anthroposophischen Geisteswissenschaft zu finden.

Es sei am Beispiel des Geschichtsunterrichts der Aufbau des Lehrplanes einer nach geisteswissenschaftlichen Gesichtspunkten arbeitenden Pädagogik charakterisiert.

Dem eigentlichen Geschichtsunterricht geht in den ersten Schulklassen das Erzählen von Märchen, Fabeln, Legenden und Sagen als Vorbereitung voraus.

In der ersten Klasse sind es die Märchen. Diese können schon im ersten Lebensjahrsiebent an das Kind herangebracht werden. Da sollen sie Freude, Erfrischung und Heiterkeit beim Kinde erwecken. Nach dem Zahnwechsel – im ersten Schuljahr – haben die Märchenbilder die Aufgabe zur Nacheiferung im Guten und zur Abwehr des Schlechten in der Kindesseele zu wirken. Das Märchen kennt nur Gut und Böse. Und das Böse findet seine gerechte Strafe. Das Kind anerkennt die Härte der Strafe so gut, wie es sich über die Belohnung des Guten freut.

Zur Praxis des Märchenerzählens muß doch darauf hingewiesen werden, daß das Märchen «erzählt» und nicht vorgelesen werden soll. Der Lehrer muß sich schon gründlich auf das Erzählen vorbereiten, damit er der rechten Worte, der Wiederholungen und des inneren Aufbaues des

Märchens ganz sicher sei. Er muß mit seinen Worten schmeicheln und streicheln, zürnen und verderben können. Aber vor allem: er muß an die Wahrheit des Märchens aus seiner tiefsten Überzeugung glauben können. Nie darf das Kind den Eindruck haben, der Lehrer unterscheide zwischen der «Märchenhaftigkeit» der Märchen und der «Wirklichkeit» der durch die Sinne wahrnehmbaren Welt. Wer diese Wahrheit der Märchen nicht anerkennen kann, der unterlasse es, Märchen zu erzählen. Zum Lehrer für Kinder taugt er nicht eben viel. Vielleicht könnte er sich aber dazu erziehen, daß er durch Geisteswissenschaft die Wahrheitsgesetze der imaginativen Welt, aus der alle wahren Märchen stammen, selbst auffinden kann. Dann sind die besten Märchen diejenigen, die der Lehrer selbst erschafft.

Im zweiten Schuljahr lernt das Kind die Fabeln und Legenden kennen. 2. Klasse In der Fabel spricht das Tier auf moralische Art im Menschen, in der Legende der Engel. Die Einheit der Märchenwelt entfaltet sich zu einer Dualität. Der Mensch sieht sich zwischen ein Höheres und ein Niederes gestellt.

Jede Fabel hat eine Moral. Für den Erwachsenen steht die Moral am Schlusse der Fabel. Derjenige, der dem Kinde Fabeln erzählt, geht vom Moralischen aus. Er schildert die Seeleneigenschaften der Menschen, ihr Tun und Treiben. Er schildert die Schlauheit des Fuchses, die Bosheit und Gier des Wolfs, die Geduld des Lammes, den Fleiß der Ameise. Dann erst wird am Schlusse die Fabel erzählt. Ohne Kommentar. Was sollen auch dem Kinde Moralbegriffe, die an den Verstand appellieren! Die Bilder der Fabeln sind selbst moralische Substanz. Der Lehrer wird in der Auswahl, die er den Kindern erzählt, sorgfältig zu Werke gehen. Denn es gibt auch Fabeln, die von – Pedanten geschrieben sind. Man riecht es ihnen an, den Fabeln, ob sie den kernigen Himmelsduft der Moral oder den etwas moderigen Pharisäergeruch des Moralin ausströmen. Cave canem!

Die Legende schildert die Läuterung des Menschen durch seine Verbindung mit der göttlichen Welt. Woran erkennt man einen heiligen Menschen? An dem Heiligenschein, der sich als der geläuterte Astralleib dem übersinnlich schauenden Bewußtsein offenbart. Die Läuterung kann durch Opfer, Verzicht, Hingabe und strebendes Bemühen erwirkt werden. «Wenn wir nicht das tiefgründige Gefühl in uns entwickeln, daß es etwas Höheres gibt, als wir sind, werden wir auch nicht in uns die Kraft finden, uns zu einem Höheren hinaufzuentwickeln.» Dieser Satz aus dem Lebensbuche weist den Weg zur Wandlung und Läuterung.

Das Erzählen von Legenden dient der Veranlagung und Verstärkung eines solchen Verehrungsgefühles. Die Ur-Legende ist die Erzählung vom

Offerus, der dem Stärksten und Mächtigsten dienen will und so zum Christophorus wird. Durch die Christus-Tat hat die Legende ihren hohen Sinn bekommen. Aber auch Legenden aus den verschiedensten Weltreligionen dürfen in diesem Lebensalter vor die Seele des Kindes treten.

Im dritten Schuljahr geben die Geschichten des Alten Testamentes den Erzählstoff. Hier ist die erste Vorahnung einer eigentlichen Geschichtsbetrachtung gegeben. Zeitlos sind Fabeln, nur wenig zeitgebunden die Legenden, von Zeitereignissen berichtet die Geschichte des altjüdischen Volkes. Ein Schöpfungsbericht wird gegeben, ein kosmischer Ursprung des Menschengeschlechtes aufgezeigt, Patriarchen und Gottesseher, Menschheitsführer, Richter, Könige und Propheten treten auf den Plan. Recht und Gesetz, Sitte und Brauch sind durch göttliche Verkündigung gegeben. Wie gewaltig steht die Gestalt eines Moses da! Wie gerne malen die Kinder ihre farbigen Bilder zu diesen Erzählungen des Alten Testaments! Bibelillustrationen hat es viele gegeben, von den alten Malereien auf Pergament über die Holzschnitte der Biblia Pauperum und Rembrandts Radierungen bis zu den oft fragwürdigen modernen Versuchen. Was aber noch fehlt, ist die Bilderfolge zum Alten Testament, die Bilder-Bibel, gemalt von den Mägdlein und Büblein der dritten Klasse einer Rudolf-Steiner-Schule. Da lebt noch in den Kindesseelen das geheimnisvolle Wissen von dem kosmischen Hintergrund alles irdischen Geschehens, im niederziehenden Opferrauch des Kain-Altares und der emporlodernden Opferflamme Abels spricht aus den Farben und Formen des kindlichen Gestaltens noch der Gotteswille selbst. Und der Lehrer darf bei all diesen Offenbarungen der demütige Helfer und sorgliche Pfleger sein, der Vermittler zwischen Welt und Kind. Sollte nicht eigentlich jeder Lehrer den Namen Mittler tragen wie der Geistliche in Goethes Roman?

Die Offenbarungen der geistigen Welt können in den mannigfaltigsten Formen zu den verschiedenen Erdenvölkern kommen. Mahabharata, Schahnameh, die Berichte Alt-Babylons und Ägyptens, Kalewala und Edda erzählen auf ihre Art von der Weltschöpfung und der Entstehung des Menschengeschlechts, vom Sündenfall und der Verheißung. So darf das Schulkind im vierten Jahre den altnordischen Schöpfungsbericht aus der Edda kennenlernen und die Götter- und Heldensagen der germanischen Vorzeit. Wie reich und kraftvoll ist diese Welt, wie groß und tragisch! Das Kind will in diesem Lebensalter in den großen Spannungen des Seelischen leben, es will mitjauchzen, wenn Thor das falsche Brautgewand abwirft und den Hammer ergreift, um die Thursen zu töten. Es will innerlich klagen mit Kriemhild um den Tod Siegfrieds. Es darf in diesem

Lebensalter von der Götterdämmerung und dem Untergang der Nibelungen hören, vom leidvollen Ende des Schönen und Großen. Und es darf die Hoffnung haben, von der in der nordischen Mythologie gesprochen wird: Baldur kehrt wieder.

Im fünften Schuljahr, im zwölften Lebensjahr des Kindes, beginnt die Geschichte als Epochenunterricht. Schon in der vierten Klasse hat das Kind in den Erzählungen, die am Ende der morgendlichen Hauptunterrichtsstunden gegeben werden, von Ereignissen der Alten Geschichte gehört. Jetzt begegnet es diesen Ereignissen wieder im Zusammenhang der Geschichte. Es ist von ganz besonderer pädagogischer Bedeutung, daß im Erzählstoff eines jeweiligen Schuljahres dasjenige zur Darstellung kommt, was im großen Zusammenhange erst den Inhalt des Geschichtsunterrichts des folgenden Schuljahres bildet. Gerade in dem Jahre, in welchem das Kind in der Unterrichtsepoche der Geschichte die Zeit des Altertums dargestellt bekommt, soll der Erzählstoff, der an die anderen Hauptunterrichtsepochen anschließend gebracht wird, Bilder aus der mittleren Geschichte zum Inhalte haben. Und im 6. Schuljahr, wenn das Kind von der Geschichte des Römertums und des Mittelalters erfährt, soll es in den Erzählungen außerhalb des Geschichtsunterrichts Szenen aus der neueren Geschichte dargestellt bekommen. Für das siebente und achte Schuljahr wird dann der Erzählstoff aus den Gebieten der Völkerkunde genommen.

Der eigentliche Geschichtsunterricht des fünften Schuljahres hat zum Inhalt die Darstellung der großen vorchristlichen Kulturen von der atlantischen Flut bis zum Kulminationspunkt der Geschichte Griechenlands. Hier liegt eine Schwierigkeit vor. Das Kind hat auf dieser Lebensstufe noch nicht die Zeitvorstellung, die der Erwachsene aus einem gewissen Überblick seiner Geschichtskenntnisse haben kann. Wann Siegfried gelebt hat, wann die Griechen vor Troja landeten, das alles hat für das Kind keine konkrete Bedeutung. Es geschah eben «einmal». Und es kann in der Seele lebendig-gegenwärtig werden. Was soll da eine Rechnung nach Jahrhunderten und Jahrtausenden? Eine Vorstellung, die doch auch keinen konkreten Inhalt für das Kind hat.

Aber das Kind selber steht ja im Strom des geschichtlichen Werdens. Es ist durch seine Eltern, durch seine Großeltern mit der Vergangenheit verbunden. Es wird selber einmal groß werden und in der Zukunft wirken dürfen (eine Vorstellung, die immer wieder in der Kindesseele anklingen darf). Es lebt in der Zeit. Und an dieses Zeit-Erleben, das sich durch das Dasein der Vorfahren als wirklich erweist, darf der Lehrer anknüpfen, wenn er dem Kinde eine Vorstellung davon erwecken will, wann ein geschichtliches Ereignis sich zugetragen hat. Rudolf Steiner hat hier wieder eine seiner vielen wunderbaren konkreten Anweisungen gegeben.

Er sagte zu den Lehrern der Waldorfschule: «Sehen Sie, wenn ich einem Kinde über Karl den Großen erzähle, als wenn das sein Oheim wäre, der jetzt noch lebt, so führe ich eigentlich das Kind irre. Ich muß stets, wenn ich über Karl den Großen erzähle, den zeitlichen Abstand gegenwärtig machen, ich muß das so machen, daß ich sage: ‚Stelle dir vor, du bist jetzt ein kleiner Junge, du ergreifst die Hand deines Vaters' – da kann er sich etwas vorstellen darunter. Jetzt mache ich ihm klar, wie viel älter der Vater ist, und nun der Vater ergreift die Hand seines Vaters, der wieder die Hand seines Großvaters und so weiter. So habe ich ihn hinaufgeleitet um 60 Jahre. Vom Großvater geht man weiter, und jetzt sage ich ihm: ‚Stelle dir dreißig hintereinander vor', ich habe ihm eine Reihe vorgestellt und klar gemacht: ‚der Dreißigste kann Karl der Große sein'. Er bekommt ein zeitliches Distanzgefühl. Nicht die Dinge isoliert hinstellen, sondern dieses Distanzgefühl erfassen, das ist wichtig, wenn richtiger Geschichtsunterricht erteilt werden soll.»

Auf keinem Unterrichtsgebiet gehen die Meinungen derjenigen, die auf die Gestaltung der Lehrpläne der Schulen Einfluß nehmen wollen, so weit auseinander wie auf demjenigen der Geschichte. Abgesehen von der Parteien Gunst und Haß, die in ein und derselben geschichtlichen Persönlichkeit eine Offenbarung des Teuflischen oder des Göttlichen sehen, abgesehen von persönlichen Sympathien und Antipathien, die der Geschichtslehrer haben mag, ganz allgemein kann gesagt werden: in dem Geschichtsunterricht der Schulen wird dasjenige gelehrt, was diejenigen, die das Schulwesen in den Händen haben, bestimmen. Und was bestimmen sie? Sie bestimmen, ob König Philipp von Spanien so dargestellt werden darf, wie ihn Friedrich Schiller und Charles de Coster schildern, oder ob er als treuer Sohn seiner Kirche verklärt werden soll, sie bestimmen, ob Karl der Große als Begründer des Heiligen Römischen Reiches Deutscher Nation zu preisen ist, oder ob er als «Sachsenschlächter» in die Geschichte einzugehen hat, sie ordnen an, daß die Geschichte überhaupt erst bei der gegenwärtigen Parteidoktrin oder Glaubensmeinung beginnt und alles übrige mehr oder weniger unbrauchbare Vor-Versuche sind, und mancher biedere Bürgerstaat, der sich seines «objektiven» Geschichtsbildes freut, ahnt am allerwenigsten, daß in seinen Schulen doch nur eine «fable convenue» gelehrt wird, die sich als Weltgeschichte ausgibt. Solchen sanktionierten Meinungen Änderungsvorschläge oder Neuorientierungen entgegenstellen zu wollen, ist allemal ein Sakrileg.

Ja, wer soll denn dann bestimmen, was im Geschichtsunterricht gelehrt werden soll und wie es gelehrt werden soll? Die Geschichtsschreiber selbst sind sich ja uneins! Und was wäre eine Geschichtsbetrachtung vor den Kindern, wenn in dieser Betrachtung nicht das Urteil des Lehrers, seine Heldenverehrung und seine Abneigung gegen Verrat und Tücke lebte! Aber woher soll er die Grundlagen für sein geschichtliches Urteil nehmen? Ist er darin nicht in weitestem Umfange abhängig von seiner Art der Weltbetrachtung (von der Weltanschauung des Lehrers soll erst später die Rede sein), ja von seinen persönlichsten Neigungen und Abneigungen? Dürfen diese beim Geschichtsunterricht eine Rolle spielen? Darf der Lehrer denn sein bloß Persönliches überhaupt in die Schulstube tragen? Wo ist hier die Grenze zwischen dem bloß Persönlichen und der heiligen Hingabe an die Idee?

Fragen über Fragen.

Auch hier vermag die Geisteswissenschaft Antwort zu geben. Sie kann aufzeigen, wie die Geschichte der Menschheit sich darstellt als eine Aufeinanderfolge von Metamorphosen des Bewußtseins der Menschheit, die sich in den verschiedenen Kulturperioden zur Offenbarung bringen. In einer ältesten Zeit der Geschichte, die auf die große atlantische Flut folgte, erlebte der Mensch das Dasein auf der Erde noch als ein solches, das ihn diese Erde als die unterste Schicht des Himmels erleben ließ. Die Sehnsucht der Menschen mußte daher darauf gerichtet sein, von diesem Erdendasein wieder frei zu werden, um in einer geistigen Welt als Geistwesen in der Gemeinschaft der Götter leben zu können. Das gibt die Stimmung für die altindische Kulturperiode, eine Stimmung, die in einem ihrer letzten Träger, dem Gautama Buddha, noch lebendig ist. – Eine zweite Kulturepoche ist die alt-iranische. Das Bewußtsein des Menschen wendet sich jetzt der Erde zu. Die Arbeit an der Erde, ihre Umwandlung und Erhaltung, wird zum Gottesdienst. Böse Mächte wollen diese Arbeit stören. Der Mensch ist gestellt zwischen die guten Wesen des Lichts und die bösen der Finsternis, zwischen Ormuzd und Ahriman. – In einer dritten Epoche, der ägyptisch-chaldäisch-babylonischen, wendet sich das Menschenstreben noch mehr der Erde zu. Dadurch wird ihm die himmlische Welt zum Rätsel. Geburt und Tod werden zu den eindringlichen Lebensfragen. Mysterienweisheit lenkt die Geschicke der Völker. Kunst, Wissenschaft und religiöses Leben bilden noch eine Einheit. Aus den Tempelstätten kommen die Impulse für die soziale Ordnung. Der Mensch hat sein Bewußtsein von sich selbst nur insofern, als er in irgendeiner Weise ein Glied dieser sozialen Ordnung ist. Unabhängig von dieser könnte er für sich selbst gar nicht bestehen.

Die vierte nachatlantische Epoche, die griechisch-lateinische, bringt ein neues Erleben für den Menschen. Zwar auch jetzt noch ist der Mensch Angehöriger einer Sozialgemeinschaft, Spartaner oder Athener oder Römer, aber das Persönlichkeitsbewußtsein erwacht in einer Weise, die es möglich macht, daß die Menschen sich mehr und mehr loslösen von den alten Formen einer geistigen Führung. Die große Auseinandersetzung dieses neuen aufstrebenden Bewußtseins mit den alten abklingenden Mächten einer langen Erdvergangenheit findet in der Geschichte ihren Ausdruck in den Perserkriegen und in den Taten Alexanders des Großen. Innerlich gesehen stellt sich das neue Bewußtsein so dar: hatte vorher die Seele ihr Leben als Auswirkung eines Götterwillens erlebt, so erlebt sie jetzt in sich das Geistige in Gedanken-, in Ideenform. Philosophie wird möglich. Aber auch die individuelle Gewissensstimme beginnt zu sprechen. Sokrates ist der geschichtliche Repräsentant für den Beginn dieses neuen Seelenerlebens. – Im Römertum tritt neben die alte Form der Führung durch Priesterweisheit, die «res occulta», immer mehr die «res publica», die öffentliche Behandlung der Fragen des Gemeinschaftslebens und damit der Begriff des Bürgers als Rechtsträger. Aber das Volk, das zum Begründer des privaten und öffentlichen Rechtes wird, wird auch zum Vertreter der Machtimpulse, die das Imperium Romanum schaffen.

Bis dahin war alle Geschichte Vorbereitung für dasjenige Geschehen, das der Erd- und Menschheitsentwicklung in die Zukunft hinein ihren Sinn immer mehr und mehr zu geben vermag, das Christus-Ereignis.

Wenn der Geschichtslehrer sich ein Verständnis erwirbt für die Art und Weise, wie sich in der Menschheitsentwicklung das Bewußtsein metamorphosiert, wenn er dann die jeweiligen geschichtlichen Ereignisse als Auswirkungen der entsprechenden Bewußtseinsstufen erkennen kann, dann ist es verhältnismäßig gleichgültig, welches der einzelnen geschichtlichen Ereignisse er dann herausgreift, um an ihm eine symptomatologische Geschichtsbetrachtung anzustellen. Und dieses Herausgreifen sollte man dem Lehrer überlassen. Eine kleine Auswahl geschichtlicher Daten mag dem Schüler eine Art Gerüst für sein Gedächtnis geben, viel wichtiger aber ist, daß er für jede der verschiedenen Kulturepochen ein Empfindungsverständnis bekomme, das es ihm später möglich macht, jedes neu zur Erfahrung kommende geschichtliche Ereignis sinnvoll in das Weltgeschehen einordnen zu können. Eindrucksvolle Bilder, vom Lehrer lebendig-künstlerisch dargestellt, geben die rechte Stimmung zum Erfühlen des geschichtlichen Geschehens. Begeistertes Bewundern und hingebungsvolles Verehren soll durch den Geschichtsunterricht in den Kindern leben können. Da ist ein stilles Kind, das durch die Schilderung des Lehrers in der Gestalt des Buddha sein innerlichstes Streben heilig verkörpert sieht, da ist ein tatkräftiger Bub, der den Zarathustra sich zum Führer erwählt. Und wenn in den Unterrichtspausen auf dem Schulhof die Kämpfe vor Troja ihre Fortsetzung finden – die Mädchen, mit Ausnahme einiger Amazonen, schauen bewundernd von den griechischen Gestaden oder von Trojas Türmen zu –, dann hat der Lehrer durch seinen Unterricht viel mehr erreicht, als wenn seine Kinder alle das geschichtliche Datum der ersten Olympiade brav auswendig wissen und dazu noch meinen, die «Olympiaden» des 20. Jahrhunderts hätten mit den heiligen Festspielen Griechenlands irgend etwas zu tun . . .

Im fünften Schuljahr treten die Probleme der Stoffauswahl noch nicht in der «besorgniserregenden» Weise auf wie in der sechsten Klasse, wo an das Kind, seinem Lebensalter innerlichst entsprechend, die Geschichte des Römertums und die Geschehnisse des christlichen Mittelalters, welche zum großen Teile noch Auswirkungen des Römertums sind, herangebracht werden sollen. Aber auch hier gilt, daß der Lehrer, wenn er sich ein rechtes Verständnis für die Bewußtseinsverhältnisse der verschiedenen Völker und Menschengruppen, deren Aufeinanderstoßen die geschichtlichen Ereignisse in den zwölf ersten nachchristlichen Jahrhunderten bedingen, diejenigen Geschehnisse herausgreifen mag, an denen sich eine Zeitsituation symptomatisch zum Ausdruck bringt. Mehr noch, der Lehrer muß das Recht haben, Personen zu «erfinden», die in ihrem Lebenslauf mit großen Persönlichkeiten und Ereignissen einer Epoche zusammengekommen sind. Er darf frei das Leben eines Ritters, eines Mönchs, eines Bürgers schildern. Er darf sogar noch mehr, er darf – der Fachhistoriker möge es dem Pädagogen verzeihen – geschichtliche Persönlichkeiten im Gespräch und unter charakteristischen Verhältnissen zusammenbringen, die sich nie ereignet haben. Ein Beispiel. Der Lehrer möchte den Kindern die Begründung des Dominikaner- und Franziskanerordens schildern. Durch seine Darstellung entsteht ein lebendiges Bild von der Verschiedenartigkeit der Persönlichkeiten des Franziskus und des Dominikus. Er schildert den Papst in seiner Sorge um die Kirche, und nun kann er ein Dreigespräch zwischen dem sorgenden Papst, dem demütig-hingebungsvollen Franziskus und dem gescheiten und tatkräftigen Dominikus erfinden, als dessen Ergebnis der Papst die beiden Ordensgründungen genehmigt. Wenn dann das Kind vielleicht später in einem Geschichtsbuche entdeckt, daß die

Gründ [illegible] telorden nicht gleichzeitig erfolgt ist und daß Franzis [illegible] nie gleichzeitig beim Papst in Rom waren, so läßt sic [illegible] «sachliche» Richtigstellung vollziehen. Aber das Ki [illegible] Lehrer erzählte Geschichte aufgenommen hat, wird eb [illegible] en Geschichtsverständnis – und damit später zum Ver [illegible] Persönlichkeit im Gesamtverlauf der Menschheitsentw [illegible] als der Schüler, der in seinem Gedächtnis schließlic [illegible] gsdaten der Orden im 13. Jahrhundert aufzusagen wei [illegible] iner guten Note in diesem Unterrichtsfache kommt.

Es lieg [illegible] Berechtigung vor dafür, daß im Geschichtsunterricht [illegible] engeren Heimat und der eigenen Volkheit etwas einge [illegible] wird als die gleichzeitigen Zeitereignisse auf dem übrige [illegible] der Lehrer wird diese Ereignisse in wenigen Sätzen streif [illegible] er in seine Darstellungen eine Persönlichkeit einflicht, die [illegible] n fremden Land gekommen ist und von den Geschehnisse [illegible] Und gerade beim Geschichtsunterricht kann es sich am al [illegible] m handeln, daß das Schulkind im zweiten Lebensjahrsie [illegible] mmarischen Wissen komme.

Noch etw [illegible] u bedenken. Das Kind hat auf dieser Lebensstufe noch [illegible] sten Sinn für kausale Zusammenhänge im Geschichtsverl [illegible] avon, daß es überhaupt reichlich fragwürdig ist, ein ges [illegible] nis immer als Folge eines anderen anzusehen – ist den [illegible] am Sproß einer Pflanze die «Folge» des unteren, die Bl [illegible] ler Wurzel? –, das Kind frägt gar nicht nach Ursache un [illegible] ntwicklungsverlauf. Diese Art zu fragen stellt sich auf na [illegible] erst mit der Geburt (dem Selbständigwerden) des Ast [illegible] der Erdenreife. Vorher einseitig an ein Kausalitätsdenken [illegible] Kindes zu appellieren, schädigt die Gesamtnatur des Kindes, indem es die lebensvolle Freude am denkenden Eingreifen der Welterscheinungen – und diese Freude sollte naturgemäß mit dem Beginne des dritten Lebensjahrsiebents sich einstellen – von vorneherein lähmt. Also lassen wir es bei den lebendigen Einzelbildern der Geschichtsdarstellung, die auf das Gemüt und auf die Willenskräfte des Kindes bildend wirken und lassen wir das Verstehen später langsam reifen!

Das siebente Schuljahr stellt eine besondere Anforderung an den Geschichtsunterricht. Hat der Stoff des fünften Schuljahres einen Entwicklungszeitraum von etwa sieben Jahrtausenden umfaßt, derjenige der sechsten Klasse immerhin noch anderthalb Jahrtausende, so konzentriert

imaginative Kräfte der Seele lassen nach – neuer Bewußtseinszustand 15. Jh.

sich die Geschichtsdarstellung in der siebenten Klasse auf nur etwa drei Jahrhunderte, das 14., 15. und 16. Jahrhundert unserer Zeitrechnung. Rudolf Steiner hat immer wieder darauf hingewiesen, wie wichtig es für das Kind in diesem Lebensalter sei, daß es einen tiefgehenden und nachhaltigen Eindruck von jenem Bewußtseinsumschwung in der Menschheitsentwicklung bekomme, der sich im 15. Jahrhundert vollzieht und jene neue Denkart heraufbringt, die sich von den alten mehr imaginativen Kräften der Seele jetzt völlig abwendet, um mehr und mehr im freien Selbstbewußtsein die allein durch die Sinnesorgane gegebenen Eindrücke verstandesmäßig zu erfassen und so das naturwissenschaftlich orientierte Denken zu begründen. Erfindungen und Entdeckungen leiten dieses neue Zeitalter der Bewußtseinsseele ein. Die alte Art, die menschliche Seele als Schauplatz des göttlichen Wirkens zu erleben, verschwindet. Der Mensch schläft gegenüber der geistigen Welt ein, er weiß nichts mehr von ihrer Wirklichkeit aus unmittelbarer innerer Seelenerfahrung, aber er jubelt gleichwohl: «Die Geister erwachen und es ist eine Lust zu leben!» Denn der Mensch erwacht jetzt voll für die Sinneswelt. Auf allen Lebensgebieten wird dies offenbar. In der bildenden Kunst werden die Gesetze der Perspektive und des menschlichen physischen Leibes erforscht, auf dem Gebiete des religiösen Lebens kommen altheilige Vorstellungen, die sich an die Lehre von den Sakramenten anschließen, ins Wanken. Sicherheit erfüllt die Seele bei der Erforschung der Naturzusammenhänge, Unsicherheit breitet sich aus im Hinblick auf die Formen der sozialen Ordnung.

Der Lehrer muß sich ein tiefgründiges Gefühl von der Bedeutsamkeit dieses Entwicklungsumschwunges aneignen. Er kann ja zu den Kindern nicht sprechen von dem «Heraufkommen neuer Seelenfähigkeiten». Er hat dieses Heraufkommen an den geschichtlichen Phänomenen zu schildern. Er muß diese Phänomene aufsuchen. Sie zeigen sich im Lebensgang bedeutender Persönlichkeiten: Jeanne d'Arc, Johannes Hus, Nikolaus Cusanus, Johannes Gutenberg, Herzog Philipp von Burgund, Prinz Heinrich der Seefahrer, Christoph Kolumbus, Martin Luther, Lionardo da Vinci und vieler anderer. Das Kind soll erleben können, wie durch diese Persönlichkeiten ein Neues in die Menschheit hereinkommt. Es soll innerlich Anteil nehmen können an dem Denken und Ringen der Menschen, die am Ausgangspunkte der neuen Bewußtseinsepoche stehen, der das Kind selbst angehört.

8. Kl.

Das achte Schuljahr bildet den Abschluß der Volksschulzeit. Nach diesem Jahre verlassen manche Kinder die Schule. Der Stoff des Geschichtsunterrichts ist daher zu einem gewissen Abschluß zu bringen, d. h., die

Geschichtsbetrachtung muß bis an die Gegenwart herangeführt werden. Doch nicht nur die Tatsache des Weggehens von der Schule in die unmittelbare Berufsausbildung, auch der Abschluß des zweiten Lebensjahrsiebents mit allen seinen Konsequenzen erfordern, daß die Darstellung der Geschichtsereignisse im lebendig-künstlerischen Bilde bis zur unmittelbaren Gegenwart heranreiche und einen Ausblick in die Zukunft der Entwicklung der Menschheit ermögliche.

Welcher Art können nun die Gesichtspunkte sein, von denen aus eine befriedigende Auswahl aus der unüberschaubaren Überfülle des «Stoffes» möglich wird? Zunächst stehen die letzten drei bis vier Jahrhunderte vor der Frage: wie kann mit den neuen Seelenkräften, die doch ganz auf Individualisierung, auf Persönlichkeitsentfaltung hinstreben, ein wahrhaft soziales Zusammenleben der Menschen ermöglicht werden, ein Zusammenleben in der Familie, Gemeinde, im Volk, innerhalb aller Erdenvölker? Wie soll der einzelne seinen Platz in der Gemeinschaft finden? Das ist die soziale Frage. Der Verstand sucht nach ihrer Lösung. Die Geschichte der letzten drei bis vier Jahrhunderte vollzieht sich in solchem Suchen. Radikalismus, der zu Revolutionen führt, konservativer Standpunkt, der diese Revolutionen nicht minder befördert, alle Nuancen gemäßigter oder ungemäßigter Haltung in der Durchführung und Verwirklichung sozialer Ideen kennzeichnen diese Epoche. Es ist von großer Bedeutung, daß das Kind aus der Darstellung der geschichtlichen Ereignisse durch den Lehrer eine deutliche Empfindung dafür bekommt, daß die soziale Frage eine dreigliedrige ist, daß Fragen des Geisteslebens, des Rechtes und der Wirtschaft sich miteinander verknüpfen. «Die gegenwärtige geschichtliche Menschheitskrisis fordert, daß gewisse Empfindungen entstehen in jedem einzelnen Menschen, daß die Anregung zu diesen Empfindungen von dem Erziehungs- und Schulsystem so gegeben werde wie diejenige zur Erlernung der vier Rechnungsarten.» Es wird gezeigt werden müssen, wie das ganze Leben der Menschen sich verändert auf Grund der Erfindungen, die das Wirtschaftsleben umgestalten. Die politischen Geschehnisse der letzten drei Jahrhunderte sind oft nur die unbedeutenden Folgeerscheinungen solcher Veränderungen. Man kann den Kindern zeigen, was für Probleme auftauchten durch Arkwrights Erfindung der Spinnmaschine, durch den Bau der Dampfmaschine, durch Faradays grundlegende Entdeckungen, die zur Anwendung der Elektrizität führten. Wie der Mensch durch die Kraftmaschinen unabhängig wird von dem Ort, an dem nutzbare Naturkräfte zur Verfügung stehen. Wie die Sklavenbefreiung in Nordamerika und die Aufhebung der Leibeigenschaft in Rußland gleichzeitig geschehen und doch aus ganz verschiedenen Motiven. Das Kind dieser Altersstufe soll an den dargestellten Geschichtsbildern erleben können, wie über eine und dieselbe Frage des öffentlichen Lebens die allerverschiedensten Meinungen auftreten können je nach der sozialen Stellung, welche die Menschen haben. Es soll diese Meinungen in ihrem Eigenwert anerkennen können, aber auch den Eindruck gewinnen, welche Schwierigkeiten dadurch geschaffen werden, wenn eine Meinung, die auf einem bestimmten Felde Gültigkeit haben kann, zum Universalprinzip erhoben wird.

Es ist von Wichtigkeit, daß die bildhafte Darstellung des Geschichtlichen auch noch im achten Schuljahr ihre Gültigkeit hat. Denn sie ist es gerade, die dem jungen Menschen nach dem 14./15. Lebensjahr die neue Betrachtungsart der Geschichtsereignisse zum tiefen Erlebnis werden läßt.

Es ist der große pädagogische Kunstgriff, der sich im Lehrplan der Waldorfschule offenbart: der *Stoff* des Geschichtsunterrichts der achten Klasse wird im neunten Schuljahr wiederholt! Aber die *Methode* ändert sich! Wo vorher einzelne lebensvolle Bilder vor der betrachtenden Seele des Kindes standen, wo hinter diesen Bildern noch die selbstverständliche Autorität des Lehrers als gestaltende Kraft erlebbar war, da wird jetzt die Urteilskraft des jungen Menschen aufgerufen. Und zwar das Urteilen auf dem Felde der Erkenntnis. Vorher konnte der Lehrer an die Empfindung appellieren. Er konnte die Kinder fragen: welche Persönlichkeit gefällt euch besser, Abraham Lincoln, der in Amerika die Sklaven befreit hat, oder der Kaiser Alexander von Rußland, der die Leibeigenschaft aufgehoben hat? Jetzt sind die *Ursachen* aufzuzeigen, die eine geschichtliche Persönlichkeit zu ganz bestimmten Gedanken und Taten kommen lassen. Jetzt ist es an der Zeit, Erkenntnisse zu gewinnen auf Grund der früher erworbenen Kenntnisse. Dem jungen Menschen muß es ungeheuer interessant sein, daß er dem geschichtlichen Stoff des Vorjahres auf diese ganz neue Art wieder begegnen darf. Es muß seine staunende Verwunderung und Bewunderung erregen, wie es nur möglich ist, eine schon bekannte Tatsache ganz neu sehen zu können. Daß der junge Mensch dieses Erlebnis im neunten und in den folgenden Schuljahren haben kann, davon hängt unermeßlich viel ab für das Verhältnis des Menschen zur Welt und zu sich selbst im ganzen späteren Leben. Es kann ihm die Kraft verleihen, alle Lebensprüfungen tapfer und sicher zu bestehen. Denn er hat durch Weltinteresse Weltvertrauen sich erwerben können.

Im zehnten Schuljahr wird der geschichtliche Unterrichtsstoff des ersten Geschichtsunterrichts in der fünften Klasse wiederholt. An der Darstellung der großen nachatlantischen Kulturperioden soll jetzt ersichtlich werden, wie die Impulse der Menschheitsführer unverändert oder metamorphosiert bis in unsere Gegenwart herein wirksam sind. Auch hier ist das Lernen die Voraussetzung für das Urteilen. Selbstverständlich kann es sich beim Urteilen nicht darum handeln, daß der Schüler einseitig Partei ergreift. Er muß – und darin liegt ja gerade das rechte Urteilen – die widersprechendsten Meinungen betrachten können und sein erwachendes Verstandesdenken darauf lenken, ohne sich durch ein vorschnelles Urteil (das in solchem Falle doch nur Vorurteil wäre und damit ein Erkenntnishindernis) den Ausblick auf weitere Erscheinungen des Lebens zu verbauen.

In der elften Klasse wird der Stoff der sechsten auf neuer Stufe wiederholt. Im zwölften Schuljahr wird ein zusammenfassender Überblick über die Gesamtheit der Weltgeschichte gegeben. Jetzt kann von den Bewußtseinsverhältnissen gesprochen werden, die in den verschiedenen Geschichtsepochen walten und die Grundlagen abgeben für alles äußere Geschehen. Es soll gezeigt werden, welche Hindernisse für die Menschheitsentwicklung sich ergeben können, wenn Bewußtseinshaltungen, die für eine bestimmte Epoche gut und voll berechtigt waren, in eine Zeit hinüber wirken wollen, in der schon ganz neue Seelenkräfte die Haltung des Menschen gegenüber der Welt bestimmen müssen, wie aber auch nicht minder große Schwierigkeiten sich einstellen, wenn Kulturimpulse zu früh wirksam sind. Der junge Mensch auf dieser Lebensstufe soll auch ein gründliches Verständnis entfalten können für die Tatsache, daß ein Volk, wenn es auf den Plan der Geschichte tritt, eine Bewußtseinsstufe gewissermaßen «überspringen» kann, um zeitgerecht in der Menschheitsentwicklung zu wirken, daß in der Geschichte auch Völker nebeneinander auf ganz verschiedenen Stufen der Bewußtseinsentwicklung stehen dürfen, daß es junge und alte Völker gibt, daß Kulturen zu Ende gehen und für die Geschichte «sterben» müssen, wie ganze Rassen ausgestorben sind. Und ein rechtes Gefühl wird der junge Mensch gegenüber der Vergangenheit sich aneignen, nämlich daß diese Vergangenheit verehrungswürdig ist, daß die Menschheit sich nicht aus «barbarisch-primitiven» Verhältnissen zur heutigen «Kulturstufe» entwickelt hat, sondern daß am Anfang die Fülle einer Weisheit gewirkt hat, die dem Menschen verliehen war, ohne daß er ein Selbstbewußtsein entfalten konnte. Wie die Geschichte der vorchristlichen Zeit den stufenweisen Niederstieg des Menschen auf die Erde und damit zum Selbstbewußtsein darstellt, welchen Einschlag das Christusereignis für die Menschheitsentwicklung bedeutet und wie der Mensch dazu veranlagt ist, aus dem freien Selbstbewußtsein heraus von Stufe zu Stufe die alte Himmelsweisheit sich wieder zu erringen, und wie jeder Mensch dazu bestimmt ist, an dieser Erdenaufgabe mitzuarbeiten, das sollte als Empfindung und Erkenntnis aus dem Geschichtsunterricht sich ergeben.

# VON DER LEHRERBILDUNG

«Der ist nicht wirklicher Lehrer und Erzieher, der Pädagogik sich angeeignet hat als Wissenschaft von der Kindesbehandlung, sondern derjenige, in dem der Pädagoge *erwacht* ist durch Menschenerkenntnis.»

Mit diesen Worten weist Rudolf Steiner auf die zentrale Frage der Lehrerbildung. Man hat in unserem Jahrhundert geglaubt, für die Lehrerbildung etwas Nützliches getan zu haben, indem man die alten pädagogischen Seminare, in denen die jungen Menschen nach Abschluß der Volksschulzeit zu Lehrern der Volksschule herangebildet wurden, abschaffte und an ihre Stelle die pädagogische Hochschule einrichtete, deren Besuch die Hochschulreife, also die Reifeprüfung der höheren Schule voraussetzte. Man glaubte, damit der Zeitforderung nach wissenschaftlicher Bildung Genüge getan zu haben und gab sich der Meinung hin, der «wissenschaftlich gebildete» Lehrer müsse auf alle Fälle der «bessere» sein.

An dieser Stelle ist eine Zwischenbemerkung notwendig. In vielen Kulturländern besteht immer noch der Unterschied zwischen der Volksschule und der sogenannten höheren Schule, dem Gymnasium. Beide haben einen ganz verschieden gearteten Lehrplan. Es hat sich die bedenkliche Meinung herausgebildet, daß der Lehrer der höheren Schule etwas «Besseres» sei als der Lehrer der Volksschule. Ein Unterschied, den der Staat als der gegenwärtige Verwalter des Erziehungswesens (über die Berechtigung zu dieser Verwaltung wird später noch einiges zu sagen sein) noch durch die verschiedenartige Besoldung seiner angestellten Lehrer unterstreicht. Man sollte doch aber ganz unbefangen zugeben, daß die pädagogische Kunst um so größer sein muß, je kleiner das Kind ist, das erzogen und unterrichtet werden soll. Ein Hochschulprofessor wird pädagogisch nicht mehr allzuviel verderben können an seinen Studenten, ein Studienrat hat für seine Gymnasiasten schon eine größere pädagogische Verantwortung, der wahrhafte pädagogische Künstler muß aber der Lehrer sein, der die Kinder in ihrem zweiten Lebensjahrsiebent zu betreuen hat, also der sogenannte Volksschullehrer. Und die Krone des pädagogischen Könnens erwirbt sich eine gute Mutter, die dem kleinen Kind durch rechte Selbsterziehung, durch Einsicht und Liebe das Vorbild ist.

Die nach der geisteswissenschaftlichen Pädagogik arbeitenden Schulen distanzieren sich neben manchen anderen Dingen noch ganz besonders dadurch von den staatlich verwalteten Schulen, daß sie den Unterschied zwischen Volks- und höheren Schulen gar nicht kennen. Warum soll es auch zweierlei Pädagogik geben? Eine solche für Bevorzugte und eine für weniger Bevorzugte? Eine solche für «Begabte» und eine für «weniger Begabte»? Soll denn schon durch die Organisation des Schulwesens die soziale Kluft geschaffen werden, die durch eine einseitige Auslese Berufsvorrechte und letztlich doch wieder unselige Standesunterschiede schafft? Nein, in einem zeitgemäßen sozialen Organismus kann und darf es nur die Einheitsschule (die mindestens zehn Pflichtschuljahre umfassen sollte) geben, eine Schule mit einem einheitlichen Lehrplan, der nach dem achten Schuljahr eine Differenzierung der Ausbildung nach der praktisch-künstlerischen Seite einerseits und nach der wissenschaftlichen Seite andrerseits unter voller Beibehaltung eines gemeinsamen Hauptunterrichts berücksichtigen mag.

Also: jede soziale Unterscheidung von mehr- oder minderwertig, sei es bei den Schülern oder bei den Lehrern, wollen wir von vorneherein als unwürdig ausschließen, wenn die Frage nach der Lehrerbildung gestellt wird. Da kann es sich nur um menschheitliche Gesichtspunkte handeln und um Menschenerkenntnis.

Die Grundfrage ist: wie kann im Menschen der Pädagoge *erweckt* werden? Die pädagogische Fähigkeit schlummert in jedem Menschen, gerade so wie die Möglichkeit, erziehbar zu sein. Aber welcher Weg muß eingeschlagen werden, damit der Mensch die Fähigkeit in sich erwecken kann, zu erziehen und zu unterrichten? Denn den «geborenen» Lehrer wird es in Zukunft immer weniger geben. Die Zeiten sind vorbei, in denen pädagogische Fähigkeiten sich durch Generationen hindurch gleichsam «vererbten». Auch das gehört zu den bedeutungsvollen Erscheinungen unseres Zeitalters, daß der Lehrer zu seinem Beruf nicht mehr durch Naturbegabung, Tradition oder staatlich gelenkte Selektion komme, sondern einzig und allein wieder durch die rechte Berufung, die durch das Erwachen der pädagogischen Fähigkeiten sich ergibt.

Erwachen durch Menschenerkenntnis! Eine solche Menschenerkenntnis kann nur eine geisteswissenschaftliche sein, die das Menschenwesen nach Leib, Seele und Geist zu erfassen vermag. Also eine neue Anthropologie, welche die Gestalt des Menschenwesens nach Formzuständen zu erfassen vermag, eine neue Psychologie, die das Seelische in den Lebenszuständen des Denkens, Fühlens und Wollens begreifen kann, und schließlich eine echte Pneumatologie, die davon weiß, daß das Geistige in seinen Bewußtseinszuständen verstanden werden muß, wie sie für das gegenwärtige Menschenwesen in den Zuständen des Wachens, des Schlafens und des Träumens gegeben sind. Eine solche Menschenkunde hat Rudolf Steiner in den Vorträgen entwickelt, die er im Jahre 1919 vor der Begründung der Waldorfschule in Stuttgart hielt. Diese «Allgemeine Menschenkunde als Grundlage der Pädagogik» sollte heute das geisteswissenschaftliche Grundwerk für jede Lehrerbildung sein!

Es liegt im Wesen der durch die Naturwissenschaft gewonnenen Begriffe, daß sie für die Menschenseele keine aufweckende Kraft haben können. Denn diese Begriffe sind gerade dadurch bedeutungsvoll, daß sie möglichst losgelöst vom Seelischen des Menschen nur die Dinge und ihre Beziehungen untereinander umfassen sollen. Für einen naturwissenschaftlichen Begriff ist es völlig gleichgültig, wer ihn denkt. Die Gesetze des freien Falles, der Ausdehnung von Körpern unter dem Einfluß der Wärme, die Gesetze der Gewichtsverbindungen chemischer Elemente, sie haben mit dem Menschen als einem empfindenden oder moralischen Wesen nicht das mindeste zu tun. Sie können sich dem unmoralischen Menschen genau erschließen wie demjenigen, der sich einer höheren Ordnung verpflichtet fühlt, es bedarf zu ihrem Verständnis keiner künstlerischen, sozialen oder moralischen Phantasie.

Bei geisteswissenschaftlichen Begriffen ist das anders. Denn sie sind lebendig. Lebendige Begriffe sind beweglich. Sie sind darum nicht minder objektiv. Sie können wachsen und sich metamorphosieren. Zwar haben auch die naturwissenschaftlichen Begriffe ihre Konsequenzen, nämlich, wenn sie von den Menschen in ihren Willen aufgenommen werden. Jeder Gedanke hat seine Willenskonsequenz, der irrtumsvolle ebenso wie der im Einklang mit den Welttatsachen gedachte. Aber der geisteswissenschaftliche Gedanke hängt in seiner Konsequenz in einem viel höheren Maße von demjenigen ab, der ihn denkt, als dies beim naturwissenschaftlichen Gedanken der Fall ist. Er erfordert eine ungleich größere Aktivität, wenn er gedacht werden soll, denn der Denkende hat ja zunächst nicht die dauernde Kontrolle durch die Erscheinungen der Sinneswelt selbst, die dem Gedanken dann seine Überzeugungskraft verleihen. Er muß diese Wahrheitskraft in sich selbst tragen. Geisteswissenschaftliche Begriffe werden nicht durch Sinneserlebnisse getragen und gestützt, sie tragen und stützen sich gegenseitig und erweisen sich dadurch in ihrem Wahrheitsgehalt. Dann machen sie die Sinneserscheinungen durchschaubar.

Zum Erlebnis dieses Wahrheitszusammenhanges bedarf der Mensch nicht nur einer stärkeren inneren Aktivität als derjenigen, die zum Erfassen naturwissenschaftlicher Begriffe erforderlich ist, er wird auch bald die Erfahrung machen, daß es einer ständigen Läuterung und Veredelung seines ganzen Seelenwesens bedarf, wenn er auf diesem Felde erkennend weiterkommen will. Aber diese Begriffe selbst sind schon die Helfer bei solcher Wandlung. Sie können als innere Kraft erlebt werden, die es nicht zuläßt, daß der Mensch seinem Denken gegenüber gleichgültig bleibe. Das Gewahrwerden dieser Notwendigkeit, sich bei geisteswissenschaftlichen Begriffen mit einem viel größeren Umfange seines Seelenlebens engagieren zu müssen als dies zur Bildung naturwissenschaftlicher Vorstellungen nötig ist, ist die erste Gewähr für ein Aufwachen, für ein Erwecken verborgener Fähigkeiten. Und Lehrer wird man durch das Erwachen solcher höheren Kräfte.

Es gibt aber etwas, das nicht nur von anderer Seite her das Aufwachen pädagogischer Fähigkeiten durch echte Menschenerkenntnis unterstützt, sondern das für sich selbst auch seine unermeßliche Bedeutung für das gesamte Menschenwesen hat, das ist die künstlerische Betätigung. Kein Mensch sollte sagen, er sei von vorneherein unbegabt für künstlerisches Schaffen. Gewiß ist, daß zur künstlerischen Betätigung gewisse Voraussetzungen der leiblichen Organisation bis zu einem gewissen Grade gegeben sein müssen, aber man sollte doch auch nicht unterschätzen, wie vieles da geweckt und erreicht werden kann, wenn nur der gute Wille und die rechte Einsicht vorhanden sind. Man wird auf dem Erkenntnisfelde manche Dinge gar nicht oder doch nur unter ganz besonders schweren Bedingungen sich erwerben können, wenn man nicht durch künstlerische Betätigung sich den Sinn erschließt für die Geheimnisse der Formen, Farben, Bewegungen, Töne und Laute. Niemand wird zum Beispiel das rechte Verständnis für die mannigfaltigen Formen der Tierwelt bekommen, der sich nicht einmal bemüht hat, selbst plastische Formen zu gestalten und durch eigene Betätigung zu erleben, wie eine Form unmittelbar eine andere fordert. Die Betrachtung allein genügt da nicht. Es muß der Wille sich betätigen, wenn Weisheit erreicht werden soll.

So gehört es zur rechten Lehrerbildung, daß das Malen, Plastizieren, Musizieren, desgleichen Eurythmie und Sprachgestaltung mit voller Hingabe geübt werden. Man kommt den Geheimnissen des Ätherleibes und seiner Wirksamkeit auf die Spur, wenn man sich plastizierend betätigt und dabei die rechte Empfindung von der Metamorphose der Formen sich aneignet. Man begreift die menschliche Gestalt ganz anders, wenn man einmal einen Wirbelknochen plastisch nachgebildet hat und daran zum Erlebnis gekommen ist, wie der Wirbelknochen sich zum Schädelknochen plastisch umgestalten läßt. Ein Lehrer, der während seiner Berufsausbildung viel plastiziert hat, wird an seinen Schulkindern die wunderbarsten Seelenentdeckungen machen können an der Art, wie jedes Kind durch seine Gestalt und seine Bewegung sich ins Dasein stellt. Er wird die Möglichkeit haben, das Temperament des Kindes, das sich oft in sonderbarer Weise verhüllt, unmittelbar erkennen zu können.

Wird so das Verständnis des Ätherischen durch plastizierende Tätigkeit begünstigt, so kann das Wechselspiel zwischen dem Ätherleib und Astralleib des Menschen durch den rechten Umgang mit Farben erschlossen werden. Die malende Betätigung wird ausgehen müssen vom Farbenerlebnis. Was möchte das Blau tun, wenn es einem Gelb begegnet? Wie muß sich die Form des Gelb ändern, wenn das Blau herankommt? Wie spricht das Rot neben dem Grün, wie neben dem Blau? Das Kapitel über die sinnlich-sittliche Wirkung der Farbe aus Goethes «Farbenlehre» sollte dem Lehrer innig vertraut sein.

Die Gestalt des Menschen, soferne sie durch einen Astralleib gebildet ist, wird immer als musikalisches Kunstwerk erlebt werden. So wird auch für den Lehrer die Pflege und das Erleben des Musikalischen so weit als möglich angestrebt werden müssen. Dieses sollte nicht von der Begabung abhängig gemacht werden. Das Tonerlebnis kann weitgehend geschult werden auch bei demjenigen, der glaubt, keine musikalische Begabung zu haben. Die kräftigste Unterstützung bei der Pflege des Tonerlebnisses vermag aber durch die Eurythmie gegeben zu werden.

Wenn man bedenkt, wie alles, was in der Natur sich als ein Ruhendes, Unbewegtes gibt, letztlich doch nur aus dem Bewegten hervorgegangen ist, wie jede Form eine zur Ruhe gekommene Bewegung ist, dann wird man ermessen können, welch unermeßlich große Bedeutung das rechte Bewegungserlebnis für den Menschen haben kann. Dieses aber kann gerade durch die Eurythmie vermittelt werden. Dadurch ist sie ein unentbehrliches Mittel für die Lehrerbildung.

Und dann die künstlerische Pflege der Sprache. Durch die Sprache findet das Ich des Menschen seinen unmittelbaren Ausdruck. Wie der Lehrer seine Sprache pflegt, davon hängt Entscheidendes für sein pädagogisches Tun ab. Das Kind reagiert mit einer ganz besonderen Empfindungsfähigkeit auf die Art, wie der Lehrer spricht. Nicht nur, wie er es versteht, dem Gedankeninhalt seines Sprechens in der Aufeinanderfolge der Worte den rechten Ausdruck zu verleihen, nicht nur, wie in der Sprache des Lehrers alle Nuancen des seelischen Lebens zur Offenbarung kommen, sondern auch darauf antwortet das Kind mit innerer Seelengebärde, was als Liebe zum Laut, zum Konsonant, zum Vokal und dann auch zum ganzen Wort als Wunderwerk der Sprachschöpfung in der Sprache des Lehrers lebt. Auf diesem Felde ist eine bewußte Selbsterziehung des Lehrers unerläßlich. Ein Lehrer, der in künstlerischer Art Sprachgestaltung übt, der sich die Pflege seiner Stimme und seiner sprachlichen Ausdrucksfähigkeit zur lieben Pflicht werden läßt, wird weit weniger Disziplinschwierigkeiten haben als derjenige, dem solche Dinge gleichgültig sind. Ein Lehrer, der seine Sprache beobachten und handhaben kann, wird schon dadurch Autorität sein. Wo aber die Autorität ins Wanken kommt – die Gefahr liegt besonders an der Stelle, an welcher das selbstverständliche Autoritätsverhältnis, das für das zweite Lebensjahrsiebent des Kindes erforderlich ist, sich umwandeln soll in eine freie bewußte Anerkenntnis des Wissens und Könnens des Lehrers –, da wird die Sprache des Lehrers, wenn sie keine bewußte Pflege erfahren hat, den Schüler nur allzuleicht zur karikierenden Nachahmung reizen. Das sollte dem Lehrer doch ein Warnungssignal sein oder wenigstens eine freundliche Aufforderung von seiten der Schüler – denn «diese sind ihm vom Schicksal zu seiner Erziehung geschickt» –, seine Gewohnheiten zu ändern.

So gehören Plastizieren und Malen, Musik, Eurythmie und Sprachgestaltung ganz notwendig neben der geisteswissenschaftlichen Menschenerkenntnis zur rechten Lehrerbildung. Es kann sich auf keinen Fall darum handeln, daß es Ziel einer solchen künstlerischen Bildung sein solle, den Lehrer auf diesen Gebieten zum schöpferischen Künstler auszubilden. So wenig es sich beim Geschichtsunterricht der Schule darum handeln kann, daß das Ziel des Unterrichtes der künftige Historiker sein soll. Auf der anderen Seite wird auch jedem Dilettantismus auf diesem Felde dadurch gewehrt werden können, daß die Pflege all der künstlerischen Übungen auf dem Boden der Einsicht erfolgt, daß es sich gerade um ein Verstehen der künstlerischen Produktion und Tätigkeit handelt. Goethes Wort «der Stil ruht auf den tiefsten Grundfesten der Erkenntnis» wird ein Leitmotiv sein bei der Lehrerbildung.

Also weder um eine Erziehung zum tätigen Künstler noch um dilettantische Betätigung handelt es sich, sondern um das sachgemäße Aufrufen von Kräften, die in jeder Menschenseele mehr oder weniger tief schlummern, und um das bewußte Handhaben und Pflegen dieser Kräfte, die sich dann in jedem Augenblick zur pädagogischen Praxis umwandeln können.

Damit wären die beiden wichtigsten Aufgaben eines Seminars für Lehrerbildung aufgezeigt: Menschenkunde und künstlerische Betätigung.

Aber das Fachwissen? Ein Lehrer muß doch über ein großes Wissen verfügen. Muß es nicht gerade die Aufgabe eines Lehrerseminars sein, ein solches Wissen zu vermitteln? Dem künftigen Lehrer einen reichen Wissensschatz auf den einzelnen Unterrichtsgebieten mitzugeben? Muß dies nicht besonders für einen Waldorflehrer gelten, der doch durch acht Schuljahre hindurch alle Fächer des Hauptunterrichts zu geben hat? Ist also dieses Fachwissen nicht das Wichtigste?

Nein.

Zunächst darf doch vorausgesetzt werden, daß derjenige, der Lehrer werden will, von vorneherein eine Freude am Wissen und Können hat. Daß er ganz selbstverständlich ein grenzenloses Weltinteresse hat. Daß er immer bereit ist zu lernen, Neues zu lernen und das Altbekannte immer wieder neu anzuschauen. Daß es ihm die allergrößte Freude macht, ein Lebens- und Wissensgebiet, das ihm durch sein Schicksal seither noch nicht zugänglich war, sich neu zu erschließen.

Was tut es, wenn der Lehrer seit seiner eigenen Schulzeit sich nicht mehr mit den Fragen der Chemie beschäftigt hat und nun in der siebenten Klasse einer Waldorfschule Chemie zu unterrichten hat? Ganz abgesehen davon, daß es auch zu den Aufgaben eines Lehrerseminars gehört, die Methodik der einzelnen Unterrichtsgebiete eingehend zu behandeln – wobei es sich aber gerade um das Erläutern der Methode an «urphänomenalen» Beispielen aus dem betreffenden Wissensgebiet handelt –, wird es gerade für die Fruchtbarkeit des Unterrichts von allergrößter Bedeutung sein, wenn der Lehrer selbst sich durch eigene Bemühung ein neues Wissensgebiet erschließt. Und die Geisteswissenschaft gibt genug Mittel an die Hand, die es möglich machen, ein solches neues Wissensgebiet, zu dem die einzelnen Fakten durch jede übliche wissenschaftliche Darstellung heute jedem leicht zugänglich sind, auch so zu betreuen, daß überall «die Punkte gefunden werden, aus denen sich viel entwickeln läßt», um hier das Geheimnis der Methode Goethes bei der Naturbetrachtung zu nennen. Das Eigenbemühen des Lehrers, der auf der Grundlage einer echten Menschenerkenntnis und der Pflege seiner künstlerischen Fähigkeiten an ein neues Wissensgebiet herangeht, wird für das Kind in besonderem Maße kräfteweckend sein.

Daß für den Fachunterricht des Lehrers an der Oberstufe der Schule ein gediegenes Fachwissen, das auch mit dem Fortschritt der Wissenschaft auf diesem Fachgebiete mitzugehen vermag, notwendig ist, ist selbstverständlich. Daß ein solches Fachwissen nicht nur durch ein entsprechendes Hochschulstudium, sondern auch auf andere Weise erworben werden kann, sollte aber auch zugegeben werden.

Summa summarum: für die Lehrerbildung gilt letztlich der Satz, der am Anfang dieses Abschnittes steht und den man noch einmal lesen sollte:

«Der ist nicht wirklicher Lehrer und Erzieher, der Pädagogik sich angeeignet hat als Wissenschaft von der Kindesbehandlung, sondern derjenige, in dem der Pädagoge *erwacht* ist durch Menschenerkenntnis.»

# VON DER WELTANSCHAUUNG DES LEHRERS

Der Vorwurf, die Waldorfschule sei eine Weltanschauungsschule, in welcher Anthroposophie gelehrt werde, ist absurd. Anthroposophie ist keine Sache für Kinder. Sie kann also niemals Lehrgegenstand einer Schule werden, die Kinder zu unterrichten und zu erziehen hat. Es ist allerdings einmal vorgekommen, daß jemand des Glaubens war, man könnte Kinder schon durch die Schule zu Anthroposophen erziehen. Das war noch vor der Begründung der Waldorfschule, als die ersten Besprechungen über die Absicht einer solchen Gründung stattfanden. Damals sagte eine Persönlichkeit, die bei der ersten Besprechung zugegen war: «Das wird herrlich sein, wir werden dann schon die Kinder mit Anthroposophie vertraut machen können und sie ihnen lehren.» Darauf antwortete Rudolf Steiner ganz ruhig: «Wir werden dies nicht tun, die Kinder würden sonst dementia praecox bekommen.»

Womit diese Frage von vorneherein erledigt war.

Aber müssen die Kinder nicht doch irgendwie beeinflußt werden, wenn sie als Lehrer Persönlichkeiten haben, die Anthroposophen sind?

Das ist eine andere Frage.

Diese Frage wäre leicht und mühelos zu beantworten, wenn der Begriff der Weltanschauung nicht zum Schlagwort, zum Parteigebrauch, zum Machtmittel degradiert worden wäre. Man hat ihn ja schließlich dazu verwendet, um einen Grund für das Verbot der Waldorfschulen anzugeben. Man verwendet das Wort «Weltanschauungsschule» heute in gleicher Art, um damit etwas Disqualifizierendes aussagen zu können. Die Leute, die das Wort in diesem Sinne anwenden, wissen das ganz genau. Oder sie wissen es nicht und plappern es den «Wissenden» nur nach. Um so schlimmer für sie.

Weltanschauungsfragen sind heute zu politischen Machtfragen geworden.

Anthroposophie hat aber mit Politik nichts zu tun. Diese gehört nicht zu ihren Aufgaben.

Was für eine Weltanschauung der Mensch *heute* hat, das hängt weitestgehend von seiner Erziehung, seiner Umwelt, d. h. von den ganzen Kultur- und Zivilisationseinflüssen des Zeitalters ab, viel weniger – leider! – von seinem eigenen Nachdenken und Forschen. Und so ist die Weltanschauung der Gegenwart schließlich ganz selbstverständlich unter dem Einfluß der naturwissenschaftlichen Denkweise eine materialistische geworden. Philosophisch hat der Materialismus seinen Höhepunkt zwar schon im letzten Jahrhundert überschritten, praktisch bildet er heute die Grundlage für das Verhältnis des Menschen zur Welt. Auch dort, wo der Glaube der Religionsbekenntnisse auf eine andere Welt verweist, ist dieser Glaube nicht bestimmend für das alltägliche Verhalten des Menschen als Träger einer materialistischen Weltanschauung. Man könnte sie ja auch die naturwissenschaftlich orientierte Weltanschauung nennen. Das klingt besser. Materialismus klingt schon etwas vorwurfsvoll. Und auch wieder politisch. Es ist schon recht schwer, in diesen Fragen mit Begriffen umgehen zu müssen, die gar nicht mehr «gedacht» sind, sondern als Urteilsstempel gebraucht werden.

Jeder Mensch hat eine Weltanschauung. In ihr drückt sich aus, wie er sein Verhältnis zur Welt und zu sich selbst gedanklich erlebt. Es hängt nicht davon ab, wie weit der Mensch sich in klar bewußten Gedanken darüber selbst aussprechen kann. Der Holzfäller im letzten Gebirgstal Europas ist mit dem gefeiertsten Nobelpreisträger derselben Meinung, daß «draußen» die Dinge sind und daß man sich über sie seine Gedanken machen kann. Und wenn auch der Gelehrte hinter dieser sichtbaren Erscheinungswelt eine andere, grundsätzlich unsichtbare, nämlich diejenige der Atome, substituiert, so ändert das gar nichts an der Tatsache, daß er im Leben des Alltags doch wie sein Menschenbruder im Gebirgswald sich schlechthin als «naiver Realist» verhält.

Die Frage, ob die Welt monistisch oder dualistisch gedacht werden soll, erregt die Gemüter heute nicht mehr. Die Zahl derer, denen die Fragen nach dem Wesen des Menschen, nach seinem Ursprung und Ziel, nach dem Sinn der Weltentwicklung echte Herzensbedürfnisse sind, ist heute nicht gerade groß. Diese Fragen leben aber im Seelengrunde eines jeden Menschen. Man kann sie eine Zeitlang ignorieren, man kann sie überhören, man kann ihr leises Raunen übertäuben, indem man «Tagesfragen» schafft und die Seele mit immer neuen und anderen Sinneserlebnissen überschütttet – in einer solchen geistigen Atemluft können echte Weltanschauungsfragen nicht leben. Und wer aus seinen innersten Seelenbedürfnissen sie immer wieder und wieder stellen muß, der wird von den gegenwärtigen Verwaltern des Geisteslebens (gemeint sind diejenigen, denen öffentlich das Recht zu solcher Verwaltung zuerkannt wird) als Grübler, Phantast, Ketzer, als ein «nicht auf dem Boden der Wirklichkeit

Stehender», als «ungläubig» oder, was fast noch schlimmer ist, als «unwissenschaftlich» hingestellt.

Aber was für eine Weltanschauung soll denn der Lehrer haben? Soll er der Meinung sein, daß alle Erscheinungen dieser Welt letztlich begriffen werden können, wenn alle Gesetze des Verhaltens der Materie erforscht sind? Daß diese Forschungsergebnisse dann die Grundlage für eine sachgemäße Erziehung abgeben können? Was für Gedanken über die Welt und den Menschen soll er denn in seiner Seele tragen, wenn er durch die Tür des Klassenzimmers zu den Kindern geht?

Wer der Meinung ist, daß es doch gleichgültig sei, welche Welt- und Lebensanschauung der Lehrer und Erzieher habe, der Unterricht sei dazu da, um dem Schüler ein Wissen zu vermitteln und Welt- und Lebensanschauungen seien Privatangelegenheiten des Menschen, die damit nichts zu tun haben, mit dem ist schlecht über das vorliegende Problem zu reden, denn es mangeln ihm doch die primitivsten Erkenntnisgrundlagen, die für das Beantworten von Erziehungsfragen erforderlich sind. Ein solcher kann sein Erziehungs«ideal» im Lautsprecher sehen, der von einem Weltschulmeister bedient wird. Von Erziehung ist dann nicht mehr die Rede.

Aber was gehört nun alles zu einer Weltanschauung? Zunächst einmal eine Vorstellung darüber, wie diese Welt und in ihr der Mensch entstanden ist. Jedes Volk der Geschichte hat in irgendeiner Art einen Schöpfungsmythos. Für das christliche Abendland galt durch fast zwei Jahrtausende unwidersprochen die biblische Schöpfungsgeschichte. An ihre Stelle begann sich, vom Ende des 18. Jahrhunderts angefangen, der Gedanke von einer mechanischen Entstehung des Weltalls zu setzen. Kant und Laplace gaben diesem Gedanken Ausdruck in ihrer Weltentstehungstheorie. Haeckel setzte an die Stelle der biblischen Schöpfungsgeschichte, so weit diese die Entstehung des Menschen betraf, seine natürliche Schöpfungsgeschichte. Durch sie war ein Zusammenhang der menschlichen Gestalt mit den Gestalten des Tierreichs in genetischer Art aufgezeigt. Der Entwicklungsgedanke hatte dadurch eine konkretere Form bekommen. Aber die Hauptfrage, die aus einer solchen Betrachtung sich ergeben mußte, nämlich, wie die Entstehung des Menschen aus der Reihe der höheren Tiere zu denken sei, war damit von der Naturwissenschaft nicht beantwortet. Sie ist es bis heute nicht. Denn es ist überhaupt an keiner Stelle des Tierreiches aufzuzeigen, wo eine Art in beobachtbarer Weise sich in eine andere umwandelt. Vom Standpunkte der gegenwärtigen Naturwissenschaft ist also über die Herkunft des Menschen nichts Gültiges auszumachen. Und schließlich bleibt bei dem rein natürlichen Entwicklungsgedanken im Hinblick auf den Menschen immer noch die Frage offen: soll dann letztlich alles dasjenige, was den Menschen zum moralischen und verantwortlichen Wesen macht, durch physische Umgestaltung möglich geworden sein?

Und wie sieht es mit der Weltentstehung aus? Soll wirklich am Anfang ein Urnebel gewesen sein, der die Summe der Elemente und ihrer chemischen Energie darstellte? Hören wir einen Wissenschaftler unsrer Zeit. Er sagt:

«Aus der gegenwärtigen Expansion des Weltalls folgt, daß vor zwei Milliarden Jahren alle Massen des Universums auf kleinstem Raum gleichsam in einem Riesenuratom vereinigt waren, das damals, einer Superatombombe vergleichbar, explodierte. Wir sind die späten Nachfahren, die auf einem Fragment jener Explosion dahinfliegen. Bei dieser Urkatastrophe entstanden die chemischen Elemente und die kosmische Strahlung, heute die einzigen Zeugen der Ereignisse, die sich vor 2 Milliarden Jahren abgespielt haben ...» (Prof. Dr. W. M. Waldmeier, Zürich: *Die Struktur des Universums.* Ein Überblick über die gesicherten Erkenntnisse. «Universitas», Jahrgang 1, Heft 5, August 1946.)

So etwas kann heute von der offiziell anerkannten Wissenschaft als «gesichertes Forschungsergebnis» verkündet werden. Es ist aber *kein* Forschungsergebnis, sondern nur eine abstrakt-verstandesmäßige Schlußfolgerung aus ein paar Gedanken über die Phänomene von Masse und Energie usw. Es ist eine rein ausgedachte Sache. Man kann solche Dinge durchaus ausdenken, besser: ausphantasieren, man kann sie sogar von Lehrstühlen der Universität als absolute Wahrheit verkünden, aber man kann mit solchen Vorstellungen nicht *leben.* Und darauf kommt es an. Denn die Denkkonsequenz einer solchen Vorstellung müßte sein, daß eben doch die ganze Welt der Erscheinungen ein absichtslos zustandegekommenes Kraft- und Stoffgespinst ist. Wie aber sittliche Ideale, soziale Ideen, religiöses und künstlerisches Empfinden, ja sogar der wissenschaftliche Erkenntnistrieb selbst aus einer solchen Superatombombenexplosion im Weltenurbeginn abzuleiten sein sollen, das verschweigt derjenige klüglich, der solche Gedankengespinste als wissenschaftlich gesichertes Forschungsergebnis verkündet.

Eine andere Vorstellung, durch die naturwissenschaftliche Denkart heraufgekommen, ist der Gedanke von der Erde als einem Staubkorn im Weltenall. Vom Katheder aus wird dieser Gedanke auf Grund des Ergebnisses von Berechnungen der Ausdehnung des planetarischen Systems und des Fixsternraumes verkündet, von der Kanzel her als Beweis für die

Nichtigkeit des Menschen, der nur in eitlem Hochmut sich für so etwas besonders Wichtiges halte. Aber diejenigen, die diesen Gedanken wissenschaftlich oder pastoral vertreten, *leben* selbst nicht danach. Sie halten sich selbst doch für wichtig genug, andere darüber belehren zu können. Hier liegt wieder eine derjenigen Inkonsequenzen vor, mit denen sich letztlich nicht leben läßt. Mit denen sich auch nicht erziehen läßt.

Was soll der Lehrer nun über diese Dinge denken? Soll er von vorneherein darauf verzichten, in diesen Angelegenheiten zu einer befriedigenden Erkenntnis zu kommen? Soll er sich wieder gläubig zum biblischen Schöpfungsbericht wenden? Oder diesen einfach als mehr oder weniger großartiges «Märchen» nehmen? Wenn er ehrlich ist, wird er sich sagen müssen: mit meinem naturwissenschaftlichen Denken, das mir als Gegenwartsmensch eigen ist, ziemt es mir nicht, den biblischen Schöpfungsbericht zu «glauben», auf der anderen Seite aber vermag mir meine naturwissenschaftliche Denkart keine Aussage zu machen, die mich als Menschen befriedigt. Und ich möchte doch zu einer Weltansicht kommen, die meinem unbestechlichen Denken Genüge tut und mir mein Menschentum sichert.

O ihr braven und sicheren Bürger, die ihr eure Hände in Unschuld wascht gegenüber den zum Himmel schreienden Scheußlichkeiten eures Jahrhunderts, ihr ahnt ja nicht, wenn ihr eurem Kinde zu Weihnachten das neueste Bilderbuch schenkt von der Entstehung der Welt, daß in euren Gehirnen alle die Gedankenvoraussetzungen leben, deren Willenskonsequenzen die von euch mit Recht verurteilten Scheußlichkeiten sind! Denn wenn es wahr ist, daß die Welt – und ihr selbst – aus einem Urnebel entstanden ist, was tadelt ihr dann diejenigen, deren Triebe und Begierden zu Untaten werden? Haben sich doch die Stoffe und Kräfte des Urnebels in ihnen so gefügt, daß im bestimmten Augenblick die Untaten möglich wurden!

Man mag die Sache betrachten, wie man will, gelingt es nicht, an den Ursprung der Welt ein Moralisch-Geistiges erkenntnismäßig zu stellen, dann ist es in gar keiner Weise auszumachen, wie das Moralisch-Geistige des Menschen zustandekommen soll. Eine Weltanschauung, die an den Erdenurbeginn nur einen Urnebel zu setzen vermag, ist logisch inkonsequent, wenn sie auch von einem moralischen Gesetz im Menschen spricht. Es gehört zu den erstaunlichsten Erscheinungen der menschlichen Geistesentwicklung, daß eine solche Gedanken-Inkonsequenz, von Philosophen und Gelehrten vertreten, bis in die Volksschulen hinein als Lehrgegenstand Eingang finden konnte. Auf der anderen Seite ist durchaus verständlich, daß ein Denken, welches nur an die Sinneserscheinungen sich halten will, zu einer solchen Schlußfolgerung im Hinblick auf die Weltentstehung hat kommen müssen.

Man wird dem Gedanken von der Erde als einem Staubkorn im Weltenraum auch nicht entgehen, so lange man die gesamte Erscheinungswelt nach Maß, Zahl und Gewicht zu verstehen sucht. Diese Art der Berechnung der Welt als eines Riesenleibes muß zuletzt zu einer solchen Meinung kommen. Aber das seiner selbst bewußt gewordene Ich kann gar nicht anders, als sich eine Bedeutung im Weltganzen zuzuschreiben. Und es empfindet, daß diese Bedeutung gar nicht eingeschränkt werden darf und kann durch eine rein quantitative Betrachtung der Raumes- und Zeitenwelt. Es ist zutiefst davon überzeugt, daß es sich selbst durchaus als etwas Geistiges erlebt, auch wenn dies Erlebnis zunächst am eigenen Körperleibe sich einstellen mag. Und wenn das Ich dann den Schauplatz seines Wirkens betrachtet und die Erde als einen Stern unter Sternen anerkennt, dann wird es sich sagen dürfen: mag gegenüber einer Raumesberechnung des Weltalls diese Erde immerhin sich als winzige Größe erweisen, so ist sie doch der Schauplatz, von dem aus ein künftiger Kosmos sich bilden kann, sie ist ein Weltenkeim, zu dessen Entwicklung ich selbst als geistiges Wesen im physischen Leibe beitragen darf.

Schließlich handelt es sich bei jeder Art von Weltanschauung darum, welche Daseinsgesinnung ihr Resultat ist. Von dieser Gesinnung hängt für Erziehung und Unterricht unermeßlich viel ab. Ein Lehrer, der davon überzeugt ist, daß am Beginn der Weltentwicklung nur ein Urnebel war und am Ende dieser Entwicklung der allgemeine Wärmetod sein wird, mag dieser Lehrer seine einzelnen pädagogischen Handgriffe noch so geschickt machen, er wird seiner Aufgabe als Erzieher doch nicht gerecht werden können. Denn er ahnt ja nichts von der ganz realen spirituellen Beziehung, die zwischen dem Lehrer und den Kindern waltet, eine Beziehung, von der heute gewußt werden muß, wenn das Erziehungswesen künftighin noch gedeihen soll und mit dem Erziehungswesen der Fortgang der Menschheitsentwicklung.

Wird also die Frage nach der Weltanschauung des Lehrers gestellt, so wird auf alle Fälle gesagt werden können, daß Entscheidendes von dieser Weltanschauung für Erziehung und Unterricht abhängt. Wenn aber eine Schule zur Weltanschauungsschule gestempelt werden soll, dann wird doch auch gefragt werden dürfen: Ja sind denn nicht alle Schulen dann Weltanschauungsschulen? Trägt nicht jeder Lehrer, mag er sich darüber auch wenige oder gar keine Gedanken machen, doch seine Weltanschau-

Anthroposophie ist ein Erkenntnisweg

ung in das Schulzimmer herein und vielleicht dazu noch eine ganze Menge liebgewordener Privatmeinungen, die er besser vor der Türe zum Unterrichtsraum ablegen würde?

Also: entweder sind die Waldorfschulen «Weltanschauungsschulen», dann sind es die anderen Schulen alle auch und es wäre nur zu fragen, welche Art der Weltanschauung vielleicht die bessere wäre. Oder aber sie sind es nicht und dann liegt gar kein Grund vor, ihnen einen Parteistempel aufzudrücken.

Außerdem: Anthroposophie ist mehr als «Weltanschauung». Sie ist ein Erkenntnisweg.

Und wer auf Grund der anthroposophischen Menschenerkenntnis lehrend und erziehend tätig sein darf, darf auch zu der Erkenntnisgewißheit kommen: Ich bin auf dem rechten Wege.

## VON KINDERSCHICKSALEN

«Sehr geehrter Herr Direktor!

Zurückkommend auf unsere telefonische Unterhaltung wegen meiner Enkelin Susanne darf ich zu Ihrer Orientierung folgendes über das Mädchen berichten:

Susanne ist am 17. 11. 1947 in K. geboren. Ihr Vater, mein Sohn, ist dort Angestellter in einer Textilfabrik. Die erste Ehe meines Sohnes wurde geschieden, als Susanne zwei Jahre alt war. Bis zur Wiederverehelichung meines Sohnes war das Kind fast anderthalb Jahre bei uns. Die zweite Frau meines Sohnes brachte aus ihrer ersten Ehe eine Tochter mit, die um zwei Jahre älter ist als Susanne. Aus dieser zweiten Ehe entsproß ein Junge, der vier Jahre jünger ist als Susanne.

Da Susanne schon in der ersten Zeit in der neuen Ehe sehr stiefmütterlich behandelt wurde und die Frau, wie sie seinerzeit mir sagte, mit ihrer Nervenkraft zu Ende war, nahmen wir das Kind zu uns nach F., woselbst sie fast sechs Jahre, bis zum Oktober 1958 verblieb.

Leider sind die Verhältnisse in der Volksschule in F. sehr schlecht. Die Klasse von Susanne hatte in den letzten zwölf Monaten viel Lehrerwechsel. Vier Monate hatte die Klasse überhaupt keinen Lehrer, so daß jede Stunde ein anderer Lehrer unterrichtete. Ferner war ein ganzes Jahr für die Klasse kein Schulraum vorhanden, so daß die Kinder jede Stunde in ein anderes Klassenzimmer mußten.

Susanne war, wie uns ihr früherer Lehrer, der jetzt Rektor in X. ist, versicherte, mit ihren Leistungen beim ersten Drittel ihrer Klasse. Nur auf Drängen ihres letzten Lehrers ließen wir sie im Frühjahr die Aufnahmeprüfung am Gymnasium in C. machen. Wir hatten vor, noch ein Jahr damit zu warten. Von 9 Prüflingen ihrer Klasse sind bei dieser Prüfung sechs durchgefallen. Diese Tatsache allein dürfte beweisen, daß die Schule an diesem Mißerfolg reichlich Anteil hatte. Bei den sechs Durchgefallenen war auch unsere Susanne.

Da wir unter diesen Umständen die Verantwortung nicht länger tragen konnten, haben wir uns schweren Herzens entschlossen, das Kind seinem Vater zurückzugeben, in der Hoffnung, daß die Stiefmutter nun einen besseren Kontakt zu Susanne finden würde und auch daß die Schulverhältnisse in K. bessere wären.

Nachdem Susanne sechs Wochen bei ihrem Vater war, rief dieser bei uns an und erklärte uns, daß Susanne Heimweh habe und nach Hause wolle. Meine Frau und ich fuhren daraufhin nach K. und fanden das Kind in erbärmlichem Gesundheitszustand vor. Sie ist blaß und verängstigt und hat in diesen wenigen Wochen über acht Pfund an Körpergewicht eingebüßt. Ihre Stiefmutter erklärte wiederholt, daß sie mit ihren zwei Kindern das Haus verlassen wolle, wenn mein Sohn ihr zumute, weiterhin Susanne zu behalten.

Die leibliche Mutter von Susanne ist mit einem Amerikaner verheiratet und hat selbst zwei Kinder. Sie lehnt es ab, Susanne zu sich zu nehmen, da sie mit ihrer Familie im Frühjahr nach den USA reise.

Unter diesen Umständen bleibt uns nichts anderes zu tun übrig, als das Mädchen wieder bei uns aufzunehmen und für es zu sorgen.

Wir wären glücklich, wenn Sie das Kind in Ihrer Schule aufnehmen würden.

Hochachtungsvoll

. . . . . . . . . . . . »

Dieser Brief, der einen ganz konkreten individuellen Fall darstellt, ist gleichwohl typisch für unsere Gegenwart. Die Lehrer der Waldorfschulen kennen solche Briefe gut. Denn leider ist nur allzuoft die Waldorfschule die letzte Zuflucht mancher Eltern, die mit ihren Kindern Schul- und andere Erziehungssorgen haben. Diese Tatsache stellt die Waldorfschulen vor manches Problem. Denn es sollten die Kinder in diese Schulen eigentlich von der ersten Klasse an geschickt werden. Sind doch die ersten Schuljahre von fundamentaler Bedeutung für die ganze Entwicklung des Kindes. So aber kommt es immer wieder vor, daß viele Eltern erst dann glauben, auf die Pädagogik der Waldorfschulen aufmerksam werden zu müssen, wenn die bisherige Erziehung an einen toten Punkt gekommen ist, den sie nicht überwinden kann. Und nun soll geholfen werden von denjenigen, die man vielleicht vorher über die Achsel nur angesehen hat.

Aber man hat es ja mit einem Kinderschicksal zu tun.

Tragische Kinderschicksale hat es in den letztvergangenen Jahrhunderten viele gegeben. Doch waren sie meist durch die Zugehörigkeit zu irgendeiner sozialen Gruppe bestimmt. Bergwerkskinder in den englischen Kohlengruben, Kinder von schlesischen Webern, die Kinder aus den Elendsvierteln der Großstädte, sie alle hatten durch die sozialen Mißverhältnisse der Gemeinwesen ihr leidvolles Schicksal. Man braucht nur die Schilderungen eines Charles Dickens, Emile Zola, Jeremias Gotthelf oder

Maxim Gorki zu lesen, um von dem namenlosen Elend zu erfahren, in dem viele Kinder heranwachsen oder zugrundegehen mußten.

Aber es hat sich darin etwas Entscheidendes geändert. Immer mehr ergibt es sich, daß die Not vieler Kinder gar nicht so sehr mit der sozialen Situation einer Epoche oder eines Gemeinwesens zusammenhängt, sondern mehr und mehr mit der Einsichtslosigkeit der Erwachsenen, die mit sich selber und ihrem Dasein nicht mehr zurechtkommen. Das Ungültigwerden alter Verhaltensregeln und das Nichtfinden der moralischen Antriebskräfte im eigenen Seeleninnern lassen die Erwachsenen immer unsicherer werden. Diese Unsicherheit wirkt schicksalsverwirrend. Man braucht soziale Mißverhältnisse früherer Jahrhunderte nicht zu beschönigen, aber irgendwie waltete in diesen Mißverhältnissen noch manche schicksalsordnende Kraft. Diese Kraft sollte heute vom Menschen aufgefunden und gebraucht werden. Da dies nicht geschieht, kommt Verwirrung in die Schicksalsverhältnisse, wo Ordnung und Lösung möglich wären. Voraussetzung für das Auffinden der Kraft, die im ordnenden Sinne Schicksal zu gestalten vermag, ist die Einsicht in die Gesetze der Lebenswiederholung und der Schicksalsbildung, die Gesetze von Reinkarnation und Karma. Von diesen Gesetzen kann heute auf exakte Art durch Geisteswissenschaft gewußt werden. Schon das erlebte Wissen um diese Gesetze hat eine ordnende Kraft. Aber der Mensch muß sich selbst darum bemühen. Es kann sich nicht um das Aufstellen neuer Sittlichkeitsprinzipien handeln, nicht um neue Moralverordnungen (die letztlich doch nur alte Sittengebote wären), am allerwenigsten um ein «allgemeines Sittengesetz», das es schon deswegen gar nicht geben kann, weil jede soziale Situation zwischen Einzelmensch und Einzelmensch heute derart individualisiert und einzigartig ist, daß ein im echten Sinne sittliches Handeln nur aus einer ganz konkreten Situation heraus möglich ist, zu der die entsprechende moralische Intuition gefunden werden muß. Und ist diese gefunden, so kann sie gar nicht mehr in demselben Umfange wie die alten Sittengesetze zum Vorbild für das moralische Handeln eines anderen dienen. Daß der Mensch gut sein soll, treu und pflichtbewußt, das sind heute Forderungen, die in ihrer Allgemeinheit höchst unfruchtbar und fast nichtssagend sind. Denn es handelt sich ja gerade darum, *wie* im besonderen Falle der allgemeine Begriff der Güte, Treue und Pflichtbewußtheit zur konkreten Vorstellung wird, die dann das Motiv zum moralischen Tun werden kann.

Rudolf Steiner hat diese Frage eingehend behandelt in seiner «Philosophie der Freiheit». Diese Philosophie kann zum Ausgangspunkt werden für eine Schicksalsbetrachtung, die das Menschenwesen in seinem Gange durch die wiederholten Erdenleben verfolgt. Dann kann mehr und mehr der bisher dunkle Schicksalshintergrund eines jeden Menschen sich erhellen. Es kann dann das volle «Ja» zum eigenen Schicksal gesprochen werden, Verständnis für das Schicksal des anderen erwachsen und Ordnung der Geschicke eingeleitet werden.

Der oben wiedergebene Brief, kein ausgedachtes Schreiben, sondern eine ganz reale Anfrage an eine Waldorfschule, gibt ein unmittelbares Bild einer individuellen Situation, die eben doch typisch ist durch das Versagen der Eltern und der Schule. Denn auch eine Schule versagt, wenn sie durch ein unzeitgemäßes Prüfungssystem vorzeitig eine Auslese schaffen will.

Liegt also der Hauptgrund für das Leid von Susanne in der Einsichtslosigkeit und Lebensunsicherheit der Eltern (man darf auch einen vielleicht ganz berufsroutinierten Kaufmann lebensunsicher nennen, wenn er seine eigene Ehesituation und diejenige seines Kindes so wenig zu meistern vermag), so ist nicht minder leidverursachend auch die Organisation des Schulwesens. Denn wenn diese für den Übergang von der Volksschule zur höheren Schule eine Prüfung vorsieht, die einzig und allein auf ein abfragbares intellektuelles Wissen geht, also genau das, wofür ein Kind auf dieser Altersstufe am allerwenigsten veranlagt ist, dann kann nur gesagt werden, daß hier aus Einsichtslosigkeit in einer Weise an den Kindern gesündigt wird, aus einer Einsichtslosigkeit, die von einer späteren Generation noch eine ganz andere Beurteilung erfahren wird als heute alle Sklavenhalterei des 19. Jahrhunderts. Wer Einblick in diese Dinge hat, der weiß, wieviel Leid alljährlich in der Zeit der Prüfungen, die am Ende des vierten Schuljahres angestellt werden, um darüber zu entscheiden, ob das Kind eine «höhere» Bildung sich erwerben darf, völlig sinnlos geschaffen wird. Leid für die Kinder, Leid für die Familie, der das Kind angehört, aber Leid auch für die ganze soziale Entwicklung, innerhalb welcher schließlich auf Grund dieser «Auslese» nur diejenigen zu den höheren Stellen kommen, die intellektuell genug sind, um die ganz intellektualistisch ersonnenen Prüfungen zu bestehen, und die es dann dahin bringen, neue Maßnahmen zur Auslese der Intellektuellen ersinnen zu können. In den Erziehungsministerien sitzen meist diejenigen, die die besten Schul- und Hochschulprüfungszeugnisse aufweisen können. Darum kommen von dieser Seite aus auch gar keine neuen pädagogischen Ideen. Dafür um so mehr Verordnungen, die das pädagogische Tun hindern.

An den Folgen dieser Verhältnisse leidet Susanne.

Aber die Schicksalsmächte sind gütig. Sie haben Susanne den Weg in eine Waldorfschule finden lassen.

Begriff – Wahrnehmen
Denken

# VON EINEM PÄDAGOGISCHEN GRUNDBEGRIFF

«Was ein Begriff ist, kann nicht mit Worten gesagt werden. Worte können nur den Menschen darauf aufmerksam machen, daß er Begriffe habe.» Mit dieser Aussage Rudolf Steiners in dem Buche «Die Philosophie der Freiheit» (1894) ist auf die erlebbare Tatsache hingewiesen, daß es eines Wahrnehmungsaktes bedarf, um einen Begriff zu erfahren. So wenig mit Worten beschrieben werden kann, was «grün» ist oder was das Erlebnis des Rosenduftes ist – denn zu diesen Erfahrungen gehören Beobachtungsorgane –, so wenig kann der Inhalt eines Begriffes in Worte der Sprache gefaßt werden, wenn nicht durch einen inneren Wahrnehmungsakt, dessen Organ das Denken ist, der Begriff erfaßt wird.

Jeder Begriff kann enger oder weiter gefaßt werden. Wer unklar denkt, hat verschwommene Begriffe. Wer pedantisch denkt, setzt dem Begriff enge Grenzen, er definiert. Sachgemäß ist es, einen Begriff von verschiedenen Seiten her zu charakterisieren. Der Lehrer, der sich weder in allgemeinen Redensarten ergehen noch zum Pedanten werden will, wird immer gerne eine Sache auf unterschiedliche Art beschreiben, wenn er dem Zögling einen neuen Begriff vermitteln will. Dadurch erhält auch der Lehrer seine eigenen Begriffe lebendig. Und dieses Leben macht das pädagogische Tun fruchtbar.

Der Begriff, von dem hier die Rede sein soll, wird mit dem Worte «Metamorphose» bezeichnet. Dieses Wort ist aus dem klassischen Altertum bekannt. Der römische Dichter Ovid hat sein bedeutendstes Werk «Metamorphosen» genannt.

Er beschreibt darin die Aufeinanderfolge der Weltalter, die Versündigung der Menschen, die große Flut und dann das Entstehen vieler Gestalten im Tierreich, in der Pflanzenwelt und im Gestein. Immer handelt es sich darum, daß durch das Wirken der Götter ein Gestaltwandel eintritt. Ein Gestaltwandel, der durch Moralisches letztlich bedingt ist. Eine dieser Ovidischen Metamorphosen sei hier dem Inhalte nach wiedergegeben.

«Arachne war eine lydische Jungfrau von armer Abkunft, die durch Kunst und Fleiß alle sterblichen Frauen als Weberin übertraf. Aber ihr Sinn war stolz, und wenn die anderen sie priesen, daß die Götter ihr solche Kunstfertigkeit geschenkt hatten, sagte sie: Nicht von den Göttern habe ich die Kunst gelernt, selbst habe ich mir meine Fähigkeiten errungen. Die Göttin Pallas Athene möge selber kommen und sich mit mir in der Kunst des Webens messen. Wenn ich unterliege, will ich jede Strafe erdulden. – Athene kam zu Arachne in Gestalt eines alten Weibes und redete ihr zu, in Demut den Göttern zu weichen und nicht vermessen sie herauszufordern. Aber Arachne schalt die Alte und erneute die Herausforderung. Da gab sich die Göttin zu erkennen und der Wettkampf begann.

Beide webten wundersame Gebilde auf ihrem Webstuhl. Aber während Pallas Athene in den von Ölbaumblättern umrandeten Teppich die zwölf Götter bildete und in den vier Ecken Beispiele göttlicher Strafen für menschlichen Hochmut, schuf Arachne in ihr Gewebe Bilder, mit denen sie die Götter verhöhnen wollte.

Als sie ihr Werk vollendet hatten, mußte die Göttin die Kunstfertigkeit der irdischen Jungfrau bewundern, aber mit Zorn sah sie deren gottlosen Sinn. Sie schlug mit ihrem Weberschiffchen Arachne dreimal vor die Stirn. Da erfaßte Wahnsinn die lydische Jungfrau, sie schlang sich ein Seil um die Kehle, sich zu erhängen. Schon war sie dem Tode nahe, da hob sie die Göttin aus der Schlinge und sprach: Lebe, aber hänge, du Nichtswürdige! Die Göttin warf ihr einige Tropfen vom Saft eines Zauberkrautes ins Antlitz, da verwandelte sich die Gestalt und schrumpfte zu einem winzigen Tier, zu einer Spinne, zusammen. Als solche übt sie heute noch ihre alte Kunst.»

Ovid, der den Stoff zu dieser Dichtung aus den alten mythologischen Überlieferungen nimmt, hat in seinem Bewußtsein noch einen letzten Rest der Fähigkeit, das Geistige in solchen Ideen denken zu können, die einen Übergang in die Materie verständlich machen. So kann er auch in der Materie den in ihr tätigen Geist empfinden.

Damit kommt er zu einem inhaltvollen Metamorphosenbegriff.

Man spricht so leicht davon, daß «Metamorphose» einfach mit «Gestaltwandel» zu übersetzen sei. Aber nicht jede Veränderung einer Welterscheinung sollte mit diesem Begriff bezeichnet werden.

Es gibt mannigfaltige Bedingungen für die Veränderung einer Gestalt. Metall kann sich unter dem Einfluß von Wärme ausdehnen, Eisen kann durch Rost seine Form verändern. Die unbelebte Materie hat unzählige Veränderungsmöglichkeiten, deren Bedingungen auch immer im Reiche des Unbelebten aufzufinden sind. Hier kann nicht von Metamorphose gesprochen werden.

Aber auch wenn ein belebtes oder beseeltes Wesen für den Anblick seine Gestalt verändert, sei es der Baum im Sturm oder das Tier in seiner

Eine Taube zeigt folgende

Dieselbe Taube im Fluge

und von

Bewegung, z. B. der Flügelschlag einer Taube, so werden zwar die einzelnen Phasen einer solchen Bewegung eine Veränderung zeigen, aber die Gesetzmäßigkeit der Gestaltveränderung liegt in der Organisation des betreffenden Tieres beschlossen. Eine solche Gesetzmäßigkeit kommt schon näher an den eigentlichen Metamorphosenbegriff heran. Der Betrachter der im Einzelbild festgehaltenen Phasen muß eine innere Aktivität aufbringen, um den Übergang von Form zu Form in die Kontinuität zu bringen, die in der Wirklichkeit ununterbrochen ist.

Phasen ihres Fluges:

von hinten gesehen

oben:

Betrachten wir die einfachste Art einer kontinuierlichen Gestaltveränderung, so bietet uns dazu die Geometrie die schönsten Beispiele. Die einfachste Veränderung einer geometrischen Figur entsteht durch Vergrößerung oder Verkleinerung.

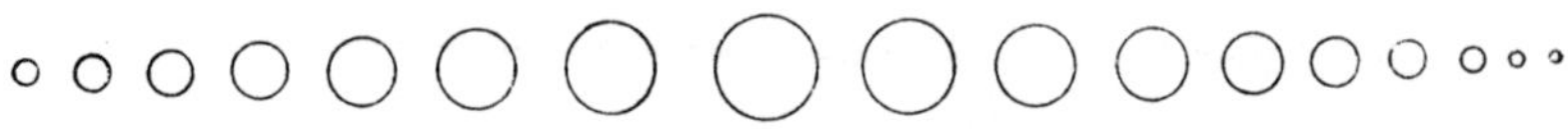

Doch kann weder diese gesetzmäßige Veränderung noch die folgende im eigentlichen Sinne eine Metamorphose genannt werden.

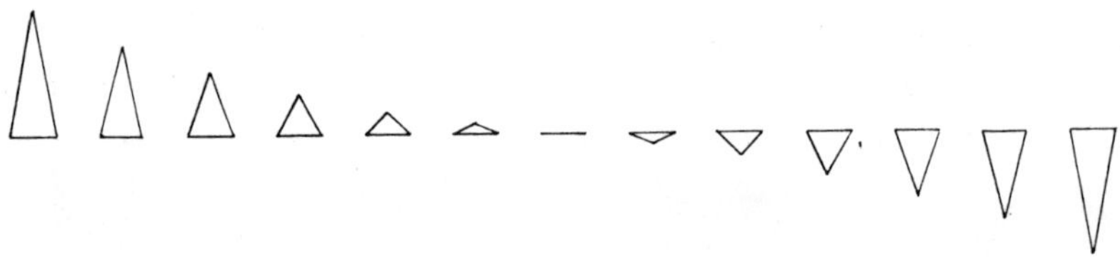

In jedem Falle aber läßt sich die Gesetzmäßigkeit aufzeigen, die der Veränderung zugrunde liegt.

Wenn eine geometrische Form in die andere übergeführt werden soll, dann entstehen Zwischenformen, die den allmählichen Übergang zeigen. Im folgenden Falle besteht der Übergang darin, daß der Mittelpunkt des Kreises, der durch die zwei Punkte des Dreiecks geht, immer weiter vom ursprünglichen Kreismittelpunkt sich entfernt, bis er, im Unendlichen angelangt, die gerade Dreiecksseite ergibt, um dann, von der anderen Seite aus dem Unendlichen wieder zurückkehrend, eine weitere Veränderung des Dreiecks zu bewirken.

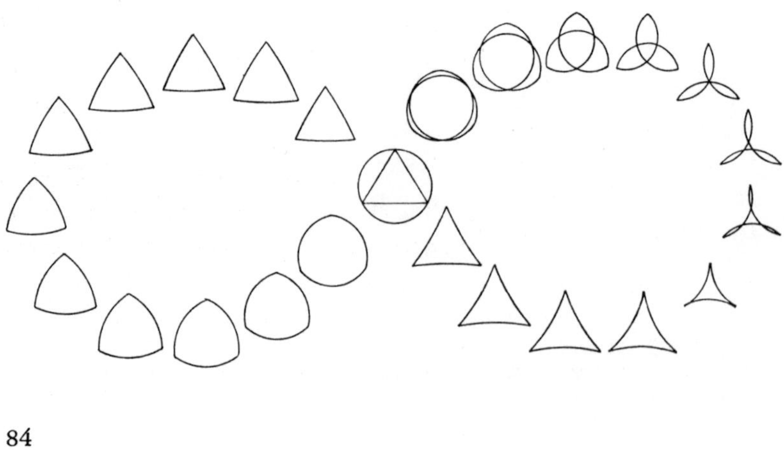

Werden aus einer solchen Abbildungsreihe zwei auseinanderliegende Phasen herausgegriffen und nebeneinander gestellt, etwa

und

so kann für das betrachtende Bewußtsein durchaus ein Verwandtes, ja sogar gesetzmäßig Verwandtes der beiden Figuren erlebt werden, wenn auch das Gesetz des Überganges noch nicht erkennend gefunden worden ist. Während vorher die einzelnen Veränderungsschritte so klein waren, daß der Übergang von der einen zur nächsten Figur wie mühelos sich der Betrachtung erschloß, ist jetzt der Abstand so groß geworden, daß die Erkenntnis des gesetzmäßigen Zusammenhanges eine stärkere Aktivierung des Denkens erfordert.

In all diesen Umwandlungen waltet berechenbare Gesetzmäßigkeit. Von den einfachsten bis zu den kompliziertesten Verhältnissen bietet die Geometrie ein unerschöpfliches Feld. In diesem Zusammenhang darf auf die Bücher «Urphänomene der Geometrie» * und «Raum und Gegenraum» ** von Louis Locher-Ernst verwiesen werden, die nicht nur für den Mathematiklehrer, sondern für jeden Lehrer eine Fülle von Anregungen zur Denkbetätigung geben. Aus dem Buch «Raum und Gegenraum» sei die nachfolgende Metamorphosenreihe entnommen:

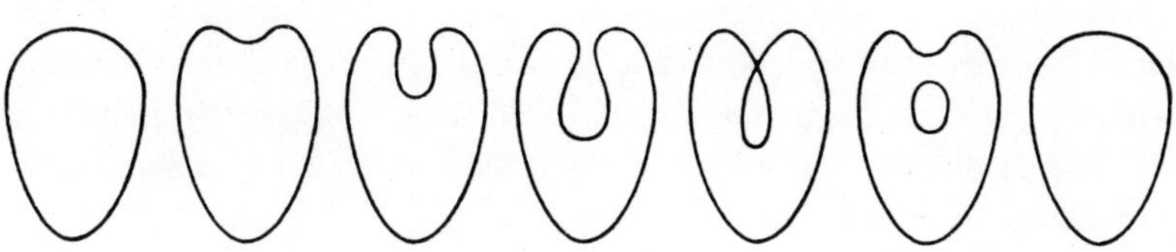

Selbst derjenige, dem das geometrische Konstruieren solcher Figuren Mühe bereitet oder gar unmöglich erscheint, kann allein durch die Betrachtung der verschiedenen Formen sich eine Beweglichkeit im Denken und Vorstellen aneignen.

* Orell Füßli Verlag, Zürich 1937.
** Philosophisch-Anthroposophischer Verlag, Dornach 1957.

Bis hierher kann der Begriff der Metamorphose auf jeden Gestaltwandel im Reich des Lebendigen angewendet werden, der kontinuierlich verläuft, also sich ganz auf dem Felde des Beobachtbaren im Zeitverlauf vollzieht, z. B. beim Wachstum der Pflanze oder eines Tieres.

Wie aber, wenn innerhalb eines Organismus verschiedene Formen auftreten, welche die Umwandlung *einer* ideellen Grundform darstellen? Wenn an einer Pflanze unterschiedlich gestaltete Blätter zu sehen sind? Wenn in der Wirbelkette eines Tierskelettes vom ersten Halswirbel bis zum letzten Schwanzwirbel die Umgestaltung ein und derselben Urform sich zeigt?

Hier kann nicht die eine Form «logisch» aus der daneben liegenden Form erschlossen werden.

An dieser Stelle ist auf Goethe hinzuweisen, der den alten Begriff der Metamorphose wieder auferstehen ließ in einer Form, die dem neuen Menschheitsbewußtsein gemäß ist. Von zwei Seiten her erschloß sich dieser Begriff dem Schauen und Sinnen Goethes: vom Anblick der großen Kunstwerke und vom Studium der Botanik. Nur auf das letztere sei hier hingewiesen.

Goethe fand, daß Linné, der große Systematiker der Naturwissenschaft, die Blütengestalt der Pflanze ableitete aus dem Aufbau des Stengels. Was an diesem Rinde, Bast, Holz und Mark ist, das verwandelt sich – nach Linné – in Kelch, Blumenblatt, Staubgefäße und Fruchtknoten. Linné nannte diese Umwandlung auch «Metamorphose», ohne daß er die Gesetzmäßigkeit des Formwandels aufzuzeigen vermochte. Für ihn blieb dieser Wandel auf das Stofflich-Substantielle beschränkt.

Goethe forschte nach dem höheren – ideellen – Bauplan. Ein solcher erschließt sich der scharfsinnigsten Logik nicht. Aber Goethe war Künstler. Könnte es nicht sein, so dachte er, daß die Natur in ihrem Gestaltenschaffen gar nicht «logisch» vorgeht? Daß sie eine Künstlerin ist? Dann würde sich die Gesetzmäßigkeit ihres Schaffens auch nur einem künstlerischen Sinn erschließen.

Hier handelt es sich um einen wichtigsten Erkenntnisschritt. Die «logische» Beziehung der Begriffe muß in eine «künstlerische» übergeführt werden. Dazu ist eine stärkere Aktivität der erkennenden Seele nötig.

Goethe vollzog diesen Schritt.

Was ihm auf diesem höheren Erkenntnisweg sich ergab, hat er niedergeschrieben in der Abhandlung «Versuch, die Metamorphose der Pflanze zu erklären». Diese Schrift hat seltsame Beurteilungen erfahren. Die einen fanden sie völlig unverständlich. Sie fühlten, daß sie mit ihren Begriffen nicht an das herankamen, was Goethe darzustellen versuchte. Die anderen meinten, daß in dieser Abhandlung nur die allerallgemeinsten Selbstverständlichkeiten stünden. Und so blieb diese fundamentale Schrift ohne alle Wirkung.

Es muß an dieser Stelle auf die geistesgeschichtliche Tatsache hingewiesen werden, daß es der junge Rudolf Steiner war, der in seinen «Einleitungen zu Goethes naturwissenschaftlichen Schriften» den Nachweis erbrachte, daß nur Goethes Erkenntnishaltung eine wirkliche Naturerklärung möglich macht, wenn diese Naturerklärung über das Verständnis des bloß Physischen und Mechanischen hinausgehen soll.

Für Goethe ist die Gestalt der Pflanze eine Metamorphose des Blattes. Nach oben und nach unten ist die Pflanze nur Blatt. Die Kraft, die nun derart die Umwandlung bewirkt, daß nicht nur innerhalb der Blattbildung Gestaltveränderungen auftreten, sondern auch die Formen der Wurzel und der Blüte und der Frucht sich ergeben, liegt *nicht* im Stofflichen oder in den chemischen Vorgängen der Pflanzenstofflichkeit. Goethe sieht diese Kraft in einem Ideellen, das für ihn genau so exakt erlebbar ist wie für den Physiker das physikalische Gesetz. Und dieses Ideelle in seiner Schöpferkraft liegt allen Pflanzengestaltungen zugrunde. Es darf daher im objektiven Sinne von einer «Urpflanze» die Rede sein, aus der heraus alle Pflanzen mit den ihnen innewohnenden Bildungsgesetzmäßigkeiten verstanden werden können.

Damit ist der Begriff der Metamorphose mit einem wirklichkeitsgemäßen Erlebnisinhalt wieder neu verbunden. Man kann diesen Begriff nicht allein an der Beobachtung der Phänomene und dem Aufzeigen der äußerlich wahrnehmbaren Bedingungen zu deren Veränderung gewinnen. Man muß vielmehr zur inneren Anerkenntnis eines Geistig-Wesenhaften kommen – Goethe nennt es ein «Ideelles» –, das die Stoffe zu einer künstlerisch-gesetzmäßigen Formgestaltung aufruft.

Wird der Metamorphosenbegriff in diesem Sinne gefaßt – was nur durch eine Verstärkung der Denk*tätigkeit* geschehen kann –, dann erscheinen auch die kleinsten Phänomene der Gestaltformen der belebten Stofflichkeit in einem ganz neuen Lichte.

Man betrachte zwei Blatt-Formen von Alliaria officinalis (Knoblauchhederich):

Zunächst ergibt sich gar kein besonderer ideeller Zusammenhang dieser beiden Formen. Man könnte sie für Blätter zweier ganz verschiedener Pflanzen halten. Dasselbe gilt für ein Unterblatt und ein Hochblatt einer Knautia (Skabiose):

Zeichnet man aber die ganze Blattfolge einer und derselben Pflanze in der Reihenfolge von unten nach oben auf, so ergibt sich der unmittelbaren Anschauung eine Gesetzmäßigkeit, die sich zwar – wie alles Organische – jeder genauen Berechenbarkeit entzieht, aber darum nicht minder folgerichtig ist. Die Folgerichtigkeit aber ist eine lebendig-künstlerische. Damit sind wir im Bereich der Gesetzmäßigkeit der Metamorphose.

Betrachten wir die Blattreihe von Saxifraga granulata

und die Blattreihe von Knautia arvensis

dann die Blätter von Valeriana dioica

Überall ist zu sehen, wie die unteren Blätter Formen zeigen, die weniger differenziert sind und mehr nach dem Rundlichen sich ausgestalten, die oberen Blätter in feinere Strukturen übergehen. Sucht man nach den äußeren Bedingungen, in denen das Ideell-Geistige so wirkt, daß das Stoffliche in seinem Wirken gefördert oder eingeschränkt wird, so kann man auf die Kräfte hinweisen, die im Irdisch-Feuchten substanzanreichernd und im Luft- und Lichtelement substanzabbauend tätig sind. Das wirkende Formprinzip dieser Kräfte hat Rudolf Steiner in einem Vortrag über den «baukünstlerischen Gedanken des Goetheanums» (Dornach, 28. Juni 1914) in den Grundphänomenen des Verhältnisses eines Äußeren zu einem Inneren folgendermaßen aufgezeigt:

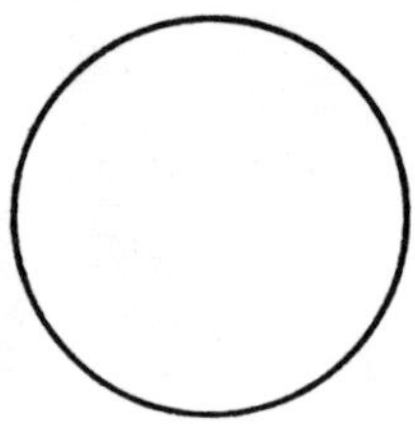

«Inneres und Äußeres sind im Gleichgewicht»

«Das Innere siegt»

«Das Äußere siegt»

Solche Figuren können zu Erkenntnisschlüsseln werden. Man betrachte mit Hilfe dieser Urphänomene der Gestaltbildung im Bereich des Lebendigen die Blattformen derjenigen Pflanzen, die nicht eine durchgehend einheitliche Blattgestaltung haben, sondern eine Metamorphose der Blätter vom Stengelgrund bis zum Blütenkelchblatt zeigen. Bei den erdennahen Blättern überwiegt das «Innere», bei den sonnennahen Blättern siegt das «Äußere». Und gleichwohl bleibt der ideelle Typus der einen und derselben Pflanze bestehen.

Besonders schön zeigt sich dies an der Blattreihe von Alliaria officinalis (Knoblauch-Hederich)

desgleichen auch bei Cardamine pratense (Wiesenschaumkraut) *

Nun könnte der Metamorphosenbegriff für die Pflanzenwelt noch weiter ausgedehnt werden auf die Betrachtung der Umwandlung des Laubblattes zum Kelchblatt, Blütenblatt und Staubblatt, und schließlich könnte jede Pflanzenart als eine metamorphosierte Gestalt der ideellen Urpflanze – «denn diese muß es doch geben» (Goethe) – verstanden werden in ihrer Gesetzmäßigkeit.

* Es sei hier auch nachdrücklich auf die Bücher von Dr. Gerbert Grohmann hingewiesen, in denen in umfassender Art die Bildekräfte der Pflanzengestaltung aufgezeigt werden.

Steigt man von der Betrachtung der Pflanzengestaltungen auf zu den Formen des Tierreiches, so muß der Metamorphosenbegriff eine abermals erneute Erweiterung erfahren.

Zunächst finden wir im Tierreich eine kontinuierliche Metamorphose in der Entwicklung des Einzeltieres von der Eizelle bis zur ausgebildeten Tiergestalt. Bei mancher Tiergattung sehen wir bei dieser Metamorphose ein völliges Verschwinden ausgebildeter Organformen und eine Neubildung höherer Organe, so bei Amphibien und Insekten. Die Naturwissenschaft gebraucht in diesem Falle das Wort «Metamorphose» zur Bezeichnung der Verwandlungen der tierischen Organisation, mit denen auch jeweils die Lebensbedingungen und Verhaltensformen des Tieres sich ändern. Der Naturforscher spricht auf dem Gebiete der Entwicklung von Insekten von einer «unvollkommenen» Metamorphose, wenn bei der Entwicklung des Tieres von Häutung zu Häutung immer mehr die Organe des fertigen Tieres auftreten, wie z. B. bei der Frühlingsfliege (Perla), oder von «vollkommener» Metamorphose, wenn sich zwischen den Larven- und den fertigen Zustand des Tieres eine Verpuppung einschiebt, während welcher eine völlige Umwandlung der Gesamtorganisation des Tieres stattfindet. Eine solche Metamorphose findet bei Schmetterlingen, Fliegen und Bienen statt.

Beim Übergang in den Puppenzustand geschieht ja eine vollständige Auflösung der Organgestaltungen der Raupe und eine ganz neue Gestaltung in der Bildung des Schmetterlings.

Aber der Metamorphosenbegriff darf auch auf die Organbildung der einzelnen Tiergestalt angewendet werden. Was im Pflanzenblatt als äußeres und inneres Kräftewirken sich in der Ebene des Blattes vollzieht, erweitert sich beim tierischen Organ in das Plastisch-Räumliche. Goethe wandte sein ganzes Interesse dieser Gestaltungsart beim Tiere zu. Bei der Skelettbildung des höheren Tieres betrachtete er den Formwandel der Rückenwirbel bis zur Formgestaltung der Schädelknochen. Er war zutiefst beeindruckt, als ihm diese Metamorphose offenbar wurde beim Anblick eines «glücklich geborstenen» Schafschädels, den er am Lido bei Venedig gefunden hatte. Das Denken kann die Formen der Wirbel verfolgen über das ganze Rückgrat bis zu den Hinterhaupts- und übrigen Schädelknochen. Zu den schönsten Übungen gehört es, die Wirbelknochen selber zu plastizieren und im tätigen Bilden die Übergänge zu erleben, dann aber eine solche gewonnene plastische Form zu nehmen und sie durch Ausweiten, Umstülpen und neu Begrenzen zu einem Knochen der Schädelkapsel werden zu lassen.

Die denkend-betrachtende Erkenntnistätigkeit sollte hier übergehen in die Gliedmaßentätigkeit, in das Plastizieren, so daß die Hände im schöpferischen Tun die Geheimnisse der Formbildung «begreifen» lernen.

Goethe, der für das in allen Pflanzen Gemeinsame die «Urpflanze» fand, suchte für das Verständnis der Tiergestalt den «Typus», aus dem sich durch Metamorphose jedes Einzelorgan des Tieres derart ergibt, daß es zur Offenbarung der Gesamtidee des Typus der betreffenden Art wird.

Man sieht, wie für Goethe auch hier der Begriff der Metamorphose nur dann einen Sinn erhält, wenn er gedacht wird als Wechselwirkung zwischen dem Übersinnlichen und dem Sinnlichen. Denn letztlich ist alle Form in Wahrheit – Geist.

Wenn man mit dem Ausdruck «Idee» den umfangreicheren, mit erweitertem Inhalt gesättigten Begriff bezeichnen kann, dann darf beim Übergang vom Tier zum Menschen von einer *Idee* der Metamorphose gesprochen werden. Hier versagte sich Goethe ein weiteres Forschen. Er nahm den Typus-Begriff noch so weit für die Erkenntnis der menschlichen Organbildung, daß ihm aus der Ganzheit dieses Begriffes es als Unmöglichkeit erschien, den leiblichen Unterschied zwischen Mensch und Tier in dem Fehlen des Zwischenkiefers beim Menschen sehen zu wollen. Und so war es für ihn ein «glückliches Ereignis», diesen Zwischenkiefer beim Menschen als vorhanden nachweisen zu können.

Aber auch mit dieser Ganzheits-Vorstellung war noch nicht die Möglichkeit gegeben, die durchaus *individuelle* Gestalt des Menschen und das mit dieser Gestalt doch verbundene individuelle Schicksal in den Bereich der Metamorphosenidee zu rücken.

Dieser Schritt ist erst möglich durch die exakte Erforschung der geistigen Welt.

Rudolf Steiner hat diesen Schritt getan.

Es muß an dieser Stelle verwiesen werden auf die grundlegenden anthroposophischen Schriften Rudolf Steiners, vor allem auf das Buch «Die Geheimwissenschaft im Umriß» (1910), wenn im folgenden Dinge zur Darstellung kommen, deren wissenschaftliche Rechtfertigung in diesen Schriften gegeben ist.

Denn erst durch unmittelbare Geist-Anschauung wird erfahrbar, daß nicht nur die menschliche Gestalt sich als Metamorphose einer Leibesgestaltung in früheren Erdenleben erweist, sondern daß auch innerhalb des Lebens zwischen Geburt und Tod die Erlebnisse und Erfahrungen der individuellen Menschenseele, die für das äußere oder innere Beobachten aus dem Bewußtsein verschwinden können, sich derart metamorphosieren, daß sie nach kürzerer oder längerer Zeit als Fähigkeiten und Schicksalsgegebenheiten wieder auftauchen. Solche Geist-Erfahrungen können aber, einmal mitgeteilt, verstanden werden. Und es können dann Lebenszusammenhänge sich erhellen, die sonst unbegriffen bleiben. Der Verstand kann solche Zusammenhänge nicht logisch denkend *erschließen,* weder von einem Gegenwärtigen in die Zukunft hinein, noch umgekehrt. Sind aber die geistigen Zusammenhänge erforscht, dann können sie vom gesunden Menschenverstand erfaßt werden.

Auf drei solcher Zusammenhänge sei hingedeutet.

Da ist zunächst die menschliche Gestalt. Diese ist letztlich Ausdruck der Individualität. Wenn auch allen Menschengestalten ein geistiges Urbild zugrunde liegen mag, so daß eben der Mensch sich von den Gestalten aller Naturreiche wesenhaft unterscheidet, und wenn auch diese Menschengestalt Züge von Gruppenmerkmalen trägt wie: Geschlecht, Rasse, Volk, Stamm oder Familie, so ist doch jede Menschenform individualisiert, d. h. sie wird gebildet durch ein Geistig-Individuelles, das die einzelnen äußeren und inneren Teile der leiblichen Organisation derart in eine Einheit bringt, daß durch diese Einheit die Wesenszüge der Individualität in die Sinneserscheinung treten.

Diese Individualität entsteht nicht durch die Geburt und verlöscht nicht mit dem Tode. Sie ist gegenüber allem Leiblich-Vergänglichen das geistige Dauerwesen. Dieses geht von Erdenleben zu Erdenleben. Es bringt seine Schicksalsvoraussetzungen für die Bildung seiner Erdengestalt mit. An dieser Erdengestalt ist das Haupt das Ergebnis der früheren Leibesorganisation, besonders des Gliedmassensystems. Ein Mensch, der in einem Erdenleben sinnvoll und geschickt seine Gliedmaßen braucht, wird sich dadurch – denn hier wirkt Metamorphose von Erdenleben zu Erdenleben – eine gute Hauptes- und Gehirngestaltung für ein künftiges Erdenleben schaffen.

Aber auch das, was die Individualität in einem Erdenleben moralisch leistet, unterliegt der Metamorphose. Wer in einem Leben viel haßt, wird schon damit rechnen müssen, daß er in einem kommenden Erdenleben viel Leid erleben muß, das wie von außen auf ihn zukommt. Und Leid, das im Haß seinen Ursprung hat, läßt sich nicht leicht bewältigen. Solch unbewältigtes Leid verwandelt sich in einem weiteren kommenden Erdenleben in Unbegabung, Stumpfheit und andere Lebenshindernisse.

Der Lehrer soll über solche Zusammenhänge nachdenken. Denn seine Tätigkeit soll doch Schicksalshilfe werden. Und hat er in der Klasse ein schwachbegabtes, dumpfes Kind, so wird er ahnend auf einen Schicksalshintergrund blicken. Er wird dann diesem Kind besondere Hilfe angedeihen lassen. Dann wird ein solches Kind später sein Schicksal besser in die eigene Hand nehmen können.

Eine dritte Metamorphose liegt innerhalb des Erdenlebens. Was der Lehrer mit dem Kinde seelisch-geistig tut, wandelt sich im Leben so, daß es im späteren Alter des Zöglings als Lebensdisposition, Gesundheit oder Krankheit, erscheint. Rudolf Steiner hat in den letzten Vorträgen, die er öffentlich in Deutschland hielt (im April 1924 anläßlich der Erziehungstagung der Freien Waldorfschule in Stuttgart) ganz besonders auf dieses Problem hingewiesen. Er zeigte da, wie jeder Lehrer darin Selbsterziehung üben muß, daß er sein Temperament – das weder gut noch böse ist – durch seine eigene Ich-Kraft beherrschen lernt. Tut er dies nicht, läßt er seinem Temperament freien Lauf, dann wirkt das ungezügelte Temperament des Lehrers auf die Kinder derart, daß es das seelische Leben des Kindes so beeinflußt, daß als Metamorphose solcher seelischen Erlebnisse ganz bestimmte Krankheitsdispositionen beim Erwachsenen auftreten.

Nur andeutend sei hier von solchen Metamorphosenvorgängen gesprochen.

Aber ersichtlich kann schon aus diesen Andeutungen werden, wie dasjenige, wodurch der Mensch nach Leib, Seele und Geist organisiert ist, dem Metamorphosenwirken unterliegt.

Was seelisch an dem Kinde getan wird, verwandelt sich in leibliche Veranlagungen und geistige Schicksalssituationen. Was vom Geiste aus dem Kinde durch die Erziehung zuteil wird, wandelt sich in die Gesundheitsverhältnisse des Leibes und in seelisches Lebensglück oder Lebensnot. Und was in sinnvoller Art an der Leiblichkeit des Kindes durch die Erziehung geschieht, kann sich zu Seelenbefriedigung und Geistessicherheit wandeln.

Der recht verstandene und innerlich erlebte Metamorphosenbegriff vermag die pädagogischen Kräfte des Lehrers und Erziehers zu wecken und zu steigern.

# VOM TINTENFISCH

Der alte Schulrat – er war einer von der alten Schule, hatte die Kinder lieb und hielt nicht allzuviel von neuen Ideen –, der alte Schulrat mußte manchmal den Kopf schütteln beim Besuch der Waldorfschule, die er von Amts wegen zu visitieren hatte. Wie war das nun alles zu vereinbaren? So nette Kinder, die dem alten Herrn so zutraulich und selbstverständlich die Hand zum Gruße reichten, wenn er in der Pause auf dem Schulhof erschien, so nette Lehrer, die jede Woche eine Lehrerkonferenz hatten und sich um pädagogische Probleme bemühten. Aber so kuriose Ideen! Mit dem Schreiben zu beginnen, bevor die Kinder das Lesen gelernt haben! Buben, die stricken und häkeln! Eine Gymnastik oder ein Tanz mit einem schwer aussprechbaren Namen, ja, Eurythmie nannten sie es, es war ja ganz nett, wie die Kinder sich da bewegten und einander kupferne Stäbe zuwarfen, aber was soll das für die Erziehung bedeuten? Und doch so eine Atmosphäre in der ganzen Schule, die man trotz – oder wegen? – der weißen Haare einfach lieb haben mußte. Es gibt doch seltsame Dinge.

Natürlich muß man schon etwas modern sein. So hatte der Schulrat, um bei den Zehnjährigen ein Unterrichtsgespräch zu beginnen, zuerst die Frage gestellt: «Kinder, wodurch sehen und hören wir etwas von der Welt?» Er erwartete, denn er wollte sich mit den Kindern über Zeitereignisse unterhalten, als Antwort: durch die Zeitung und durch das Radio. Aber Manfred meldete sich mit erhobenem Finger und sagte: «Durch die Augen und durch die Ohren, Herr Schulrat.» Er hatte mit dieser Antwort dem guten alten Herrn den ganzen Start verdorben. So daß es einige Mühe kostete, auf die Zeitung und das Radio zu kommen und die Kinder schauten mit seltsam fragenden Augen auf ihren Klassenlehrer, von dem sie doch wußten, daß er das Zeitungslesen und Radiohören nicht gerade zuträglich hielt für die Kinder . . .

Dann wurden noch die selbstgeführten Epochenhefte angeschaut – «ja, haben Sie denn kein Naturkundebuch im Unterricht?» –, es war gerade Tierkunde-Unterricht. Seltsam. Auf der ersten Seite etwas über den Menschen. Dabei eine Zeichnung, die von den Kindern dieser Altersstufe eigentlich etwas besser hätte gemacht werden können. Und dann kam ein phantastisches Bild. Der Schulrat wußte zuerst gar nicht, was es darstellen sollte. Dann las er daneben die Textüberschrift: Der Tintenfisch.

Das war nun doch etwas zu viel. Und als der Herr Schulrat später mit den Lehrern zusammensaß, da lobte er schon ganz tüchtig die Frische und Freundlichkeit der Kinder, ... «aber wie können Sie den Tierkunde-Unterricht mit dem Tintenfisch beginnen? Das ist doch viel zu weit hergeholt. Damit können die Kinder doch gar nichts anfangen. Man muß doch von Bekanntem ausgehen. Warum fangen Sie nicht mit einem Häschen an? Das kennen die Kinder doch. Oder mit einer Katze oder einem Hund? Aber ein Tintenfisch? Warum gerade ein Tintenfisch?»

Ja, warum?

Darauf muß es doch eine Antwort geben.

Wenn Rudolf Steiner den Lehrern methodische Anweisungen gab, dies oder jenes so oder so zu handhaben, dann lag in diesen Anweisungen nie etwas Dogmatisches oder Ausschließendes. Hinter all den vielen Ratschlägen, die er gab, stand immer das Wort, das er im ersten Vortrag des Einführungskurses über «Allgemeine Menschenkunde als Grundlage der Pädagogik» gesprochen hatte: «Wir müssen uns bis in die Fundamente hinein bewußt sein dessen, was wir tun.» So war jede pädagogische oder methodische Anweisung zugleich eine Aufforderung zum Denken, ein Sich-Wenden an die Kräfte der Einsicht. Nichts sollte nur auf Autorität hin getan werden.

Im siebenten Vortrag des pädagogischen Kurses über «Methodik und Didaktik» zeigte Rudolf Steiner, wie an das Kind erst dann Naturwissenschaftliches herangebracht werden kann, wenn jener «Rubikon» überschritten ist, der mit dem Ablauf des ersten Drittels des zweiten Lebensjahrsiebents das Kind eine Krise im Autoritätsverhältnis zum Lehrer erleben läßt. Jetzt kann an das Kind Tier- und Pflanzenkunde herangebracht werden. Aber die Tierkunde sollte auch erst dann dem Kinde gegeben werden, wenn zuvor ein Bild vom *Menschen* gegeben worden ist. Dieses Menschenbild kann in der einfachsten Andeutung vor das Kind treten. Es handelt sich dabei nicht um physiologische Fragen, nicht um irgend eine Organologie, sondern einfach um die menschliche Leibesform. Das Kind kann den Kopf in seiner Kugelform erleben. Diese «Kugel» ist der Ort für die hauptsächlichsten Sinnesorgane. Dann der Rumpf, der sich wie das Fragment einer größeren Kugel darstellt, und schließlich die Gliedmaßen, die wie von außen diesem Rumpf eingefügt sind. Jetzt soll das Kind einen starken Eindruck davon bekommen, wie es gerade die Gliedmaßen sind, die den Menschen zum Menschen machen. Die Beine und Füße tragen den Menschen, daß er dahin und dorthin gehen kann, wo er mit seinen Armen und Händen, die durch das Aufgerichtetsein des Rumpfes der Erdenschwere entzogen sind, für andere Menschen etwas leisten kann. Es kann gezeigt werden, wie Arme und Hände des Menschen gerade dadurch, daß sie nicht werkzeughaft zweckgebunden sind wie beim Tier, das unmittelbare leibliche Zeugnis für die Veranlagung des Menschen zur Freiheit sind.

Dieses kleine Kapitel der Menschenkunde geht der Tierkunde voraus. Und nun empfahl Rudolf Steiner den Lehrern, als erstes Tier den Tintenfisch zu schildern.

Nicht viele Menschen haben einen Tintenfisch in seinem Lebenselement, im Meere, gesehen. Man kennt ihn aus Abbildungen, aus anatomischen Präparaten, bestenfalls aus dem Aquarium. Dazu gibt es eine nicht geringe Zahl phantastischer Erzählungen von diesen Tieren, die einen großen Artenreichtum aufweisen, vom kleinsten, nur wenige Zentimeter messenden Kalmar bis zum sagenhaft großen Riesenkraken.

Man weiß auch, daß die Kopffüßer – dies ist der gemeinsame Name der etwa 800 Arten umfassenden Tierklasse – die Blütezeit ihrer Entwicklung auf der Erde schon längst hinter sich gelassen haben, daß es im lemurischen Zeitalter der Erdenentwicklung weit über 10 000 verschiedene Arten gegeben hat, deren Überreste wir als versteinerte Ammoniten und Belemniten finden in den geologischen Schichten der Trias, des Jura und der Kreide.

Aber man kennt die seltsamen Formen der Tintenfische auch von Abbildungen in den Büchern über Kunstgeschichte. Es ist, als ob ein bestimmtes Zeitalter der geschichtlichen Entwicklung in einer ganz unmittelbaren Beziehung gelebt hätte mit jenem sonderbaren Tierwesen, dem Tintenfisch. Es ist die Zeit der kretisch-mykenischen Kulturentfaltung. Auf Trinkschalen und Vasen, Krügen und Kannen, Siegelringen und Goldplättchen erscheinen in unaufhörlichen Variationen die Gestalten der Kopffüßer mit ihren großen Augen und ihren spiralig gewundenen acht Armen. Keine Kunstgeschichte gibt darüber Auskunft, *warum* gerade in dieser kretisch-mykenischen Epoche der Tintenfisch diese hervorragende Rolle beim künstlerischen Schaffen gespielt hat.

Wenn wir nun den fachkundigen Zoologen über diese merkwürdigen Tiere befragen, dann erfahren wir, daß wir es hier mit einer ganz ungewöhnlich hoch entwickelten Tierklasse aus der Gruppe der Weichtiere (der auch noch die Muscheln und Schnecken angehören) zu tun haben. Da fällt vor allem die differenzierte Sinnesorganisation auf, die außerordentlich entwickelten Augen – bei den größten Kopffüßern gibt es

Augen von 40 cm Durchmesser! –, das ausgebildete Nerven- und Gehirnsystem und schließlich ein kompliziertes Reproduktionssystem der völlig getrenntgeschlechtlichen Tiere. Bei vielen Arten ist ein Tintenbeutel vorhanden, aus dem die dunkle Sepiaflüssigkeit ausgeschieden werden kann. Aber während bei den ausgestorbenen Arten eine mannigfaltige Schalenbildung auftritt, haben nur ganz wenige der gegenwärtigen Kopffüßer eine äußere Schale, dafür einen aus Kalk gebildeten Schulp oder Kiel zur skelettartigen Stütze des Rumpfes, der wie ein Anhängsel der ausgebildeten Kopforganisation erscheint. Die Tiere atmen durch Kiemen. Rhythmisch strömt das Atemwasser ein und wird ebenso ausgeschieden. Wird aber das Ausstoßen mit verstärkter Kraft vollzogen, dann dient diese Kraft der Fortbewegung des Tieres, die blitzschnell geschehen kann.

Von all diesen Dingen wird der Lehrer den zehnjährigen Kindern nicht viel erzählen. Aber er selbst soll es wissen. Was wird er aber den Kindern schildern? Doch sicherlich die Gestalt und das Verhalten des Tieres. Aber wie?

Jedes Tier ist ein unmittelbares Stück seiner Umgebung. Es muß also zuerst diese Umgebung in einem lebensvollen Bilde vor den Kindern erstehen. Der steinige Meeresgrund in der Nähe der Küste, das Sonnenlicht, welches das Wasser durchdringt und mit zunehmender Tiefe immer mehr an Kraft verliert, die in Schwärmen dahinziehenden Fische, Tang und Algen, die wundersam farbige Welt dieses küstennahen Meeresgrundes. Dann irgendwo zwischen den Felsstücken ein lauerndes Auge in einem rhythmisch pulsierenden Leib, schlangenhaft sich ringelnde Tastarme. Auf einmal verändert der pulsierende Leib seine dunkelbraune Farbe, Schatten von Grau und Violett huschen über ihn hinweg, ein Fisch schwimmt vorbei, da schießt der unheimliche Geselle aus seinem Felsenloch heraus und hat blitzschnell mit seinen Fangarmen den Fisch ergriffen.

Wir wollen uns diesen Kerl näher ansehen. Er sieht aus wie ein Kopf mit acht Armen. Immer wieder ändert er seine Farbe. Unaufhörlich dehnt er sich aus und zieht sich zusammen. Auch die Augen sind in steter Bewegung. Mit einer ungeheuren Empfindlichkeit nimmt das Tier jede Veränderung im Wasser wahr und reagiert blitzschnell darauf, sei es mit einer Bewegung, sei es durch das Ausstoßen der Sepia-Flüssigkeit. Der ganze Kerl ist ein einziger schwimmender Kopf mit Sinnesorganen, von denen einige zu Tastarmen verlängert sind.

Und dann können all die interessanten Geschichten von Tintenfischen und Kraken erzählt werden, voran der schöne Bericht, den Collmann in «Brehm's Tierleben» gibt, – was für eine Fundgrube für den Lehrer ist doch dieser «Brehm»! –, dann Victor Hugos dramatische Erzählung vom Kampfe des Seemanns Gilliat mit dem Kraken in dem Roman «Les travailleurs de la mer», und schließlich die zauberhafte Schilderung der Erscheinung des «Großen Kraken» in Hermann Melvilles «Moby Dick».

Entscheidend aber ist, daß das Kind zu der Erlebnis-Empfindung kommt: Der Tintenfisch ist eigentlich so etwas wie ein tier-gebliebenes menschliches Haupt. Und die höheren Tiere, von denen dem Kinde später erzählt wird, sind eigentlich Rumpfwesen. Erst der Mensch ist das echte Gliedmaßen-Wesen.

Wie lassen sich aber alle diese Dinge – Gestalt und Verhalten des Tieres, seine hochkomplizierte innere Organisation, das massenhafte Auftreten dieser Tierklasse in der lemurischen Zeit, das Erheben dieser Tiergestalt zum Ornament-Motiv in der kretisch-mykenischen Kunst, und schließlich der Rat Rudolf Steiners, dieses Tier als das erste im Tierkundeunterricht darzustellen – im Bewußtsein des Lehrers sinnvoll zusammenbringen?

Ohne geisteswissenschaftliche Grundbegriffe wird dies nicht leicht möglich sein.

Da ist zunächst darauf hinzuweisen, daß weder die Welt- und Erdenentwicklung noch die Entwicklung des individuellen Menschen durch Embryonalzeit, Geburt, Kindheit und Jugend bis hin zum höchsten Lebensalter recht verstanden werden können, wenn man in all den wechselnden Erscheinungen nicht den Ausdruck einer Bewußtseinsentwicklung zu erkennen vermag. Rudolf Steiner schildert in dem Buche «Die Geheimwissenschaft im Umriß» – ein Buch, dessen Kenntnis vorausgesetzt werden muß, wenn aus wirklicher Menschenerkenntnis heraus unterrichtet werden soll – die Welt- und Menschheitsentwicklung als ein Geschehnis, an dem viele geistige Wesenheiten unterschiedlicher hierarchischer Stufen durch drei planetarische Verkörperungen der Erde beteiligt sind, um die Wesensglieder des Menschen stufenweise so heranzubilden, daß diese zuletzt innerhalb der Erdenentwicklung geeignet sind, das «Ich» aufzunehmen. So daß der Mensch ein geistiges Wesen ist, das in einem irdischen Leibe zum Bewußtsein des eigenen Selbst kommt und von diesem Selbstbewußtsein aus an den eigenen Wesensgliedern schaffend und umgestaltend wirken und derart zu einem Mitschöpfer am Weltgeschehen werden kann. Während im Laufe der Erdenentwicklung der Mensch als geistiges Wesen sich nur allmählich mit den zartesten Elementen des Irdischen verbindet, sondern sich die Tierwesen frühzeitig aus dieser umfassenden Geistsubstanz ab und geben sich der Erdenstofflichkeit mehr und mehr hin, so daß immer dichtere Formen entstehen. In dem Maße aber, als der Mensch aus seiner umfassenden Wesenheit diejenigen Elemente absondert, die dann zu den tierischen Gestalten werden, läutert er sich immer weiter hinauf. Er verdankt dieser Absonderung sein eigentliches Mensch-Sein. In diesem Sinne ist jede Tiergestalt Zeugnis für eine Entwicklungsstufe des Menschen – nicht im Sinne einer physischen Ahnenschaft –, und ältere Kulturen der Menschheitsgeschichte hatten noch ein Wissen davon, was der Mensch dem Tier verdankt. Darum die Heiligung vieler Tiere, darum die mannigfaltigen Tierkulte älterer Zeiten.

Von besonderer Bedeutung für die Menschheitsentwicklung war die lemurische Epoche, in welcher der Mensch von den Elohim, wie es die biblische Schöpfungsgeschichte darstellt, mit dem göttlichen Funken des «Ich» erstmalig begabt wurde. Und da in der Welt- und Menschheitsentwicklung die Epochen auf neuen und höheren Stufen sich wiederholen, so darf die kretisch-mykenische Kultur als eine Art Wiederholung der viel früheren und länger dauernden lemurischen Epoche betrachtet werden. Das Bewußtsein des Menschen machte in der kretisch-mykenischen Zeit einen großen Schritt vorwärts zu einem neuen Selbstbewußtseinserleben. Es war, als ob dieses neue Erleben, das als ein innerliches Kraftgefühl empfunden wurde, mit einer Intensivierung der Sinnesbetätigung sich verbände. Aber nicht nur ein neues Sinneserlebnis sollte dem Menschen verliehen werden. Das Denken, das bis zu diesem Zeitpunkt wie eine instinktive Kraft wirkte, sollte jetzt an dem physischen Organ des Gehirnes eine Spiegelung erfahren, die es möglich machte, daß der Kreter den Gedanken als aus dem eigenen Seelenwesen aufsteigend erleben konnte. Eine imaginative Anschauung des Gehirn-Organes wurde von den damaligen Führern der Mysterien in die Außenwelt als Bauwerk projiziert, das Labyrinth des Dädalos.

Für den Menschen der kretisch-mykenisch-griechischen Kultur war jede künstlerische Form ein unmittelbarer Ausdruck eines inneren Erlebnisses in objektiver Art. Dies gilt ganz besonders von all denjenigen Formen, die als Ornamentmotive zur Darstellung kamen. Niemals konnte es sich dabei um die Abbildung oder Nachbildung eines sinnenfälligen Gegenstandes handeln. Wenn der Grieche eine Spiralenform darstellte,

so brachte diese Form für ihn auf künstlerische Art zum Ausdruck das, was er selber in sich erlebte, wenn er das Gefühl einer sich innerlich verstärkenden Kraft empfand. Er erlebte in dieser Form sich selber als ein Wesen, dessen Selbstbewußtsein zu einer inneren Kraftentfaltung kommt. Mochte diese Entfaltung auch mit einem Schmerzerlebnis verknüpft sein, sie stimmte ihn doch daseinsfroh. Und es gab ja auch die Möglichkeit, sich wieder unmittelbar dem Leben freudig hinzugeben, ohne Kraftanstrengung, in einem freien Sich-Lösen, dessen künstlerische Ausdrucksform in der palmettenartigen Gestaltung sich offenbaren konnte.

Für den Angehörigen der kretisch-mykenischen Kultur war es vorzüglich das erste der beiden charakterisierten Erlebnisse, das für sein Daseins-Empfinden maßgebend wurde. Und so finden wir auf den kretischen Vasen, Krügen, Kannen und Bechern immer wieder die Spirale, sei es als Einzelmotiv, sei es im sich wiederholenden Bande.

Dann aber taucht die Gestalt des Tintenfisches auf. Wiederum wäre es falsch zu glauben, der kretische Künstler hätte diese Tiere einfach «abgebildet». Nein, für den Kreter war es eine Art instinktives Erlebnis – ein Erlebnis, das durch die Mysterienweisheit voll bestätigt wurde –, daß jene eigentümlichen meerbewohnenden Kopffüßer diejenigen Tiergestaltungen waren, denen er sein aufkeimendes Selbstbewußtsein als Mensch verdankte, Wesen, die sich im Laufe der Weltentwicklung von ihm gelöst hatten, die eine Gestaltung angenommen hatten, in welcher alle menschliche Sinnesorganisation wie ur-typisch ihren Ausdruck gefunden hat, in Tierform stehengebliebene Welten-Urbilder der Menschheitsentwicklung. Gleich als verdanke er diesen Tieren die Möglichkeit, das eigene Nerven-Sinnes-System mit dem Wunderbau des Gehirnes zur Grundlage seines Gedanken-Erlebens machen zu können.

Und wie unmittelbar erschien in den sich ringelnden Armen des Tintenfisches das Abbild jenes inneren Erlebnisses der selbständigen Kraftentfaltung! Was bot sich dem künstlerischen Schaffen mehr an, wenn der Mensch sich in der Welt finden wollte, als jene Naturgestaltung, die *nicht* der Ausgangspunkt für das künstlerische Schaffen war, sondern das Wiederfinden eines Innenerlebnisses auf der Stufe der Tierform?

Dem Dasein dieser Tiere verdanke ich die Möglichkeit der Entfaltung meines selbstbewußten Mensch-Seins in alle Erdenzukunft hinein, so empfand der Kreter dem Tintenfisch gegenüber. Darum bildete er ihn in immer neuen Formen.

Jetzt kehren wir zu der Klasse der Zehnjährigen zurück. Die Kinder dieser Altersstufe haben in dem Lebensjahr, das hinter ihnen liegt oder in dem sie noch stehen, jenen «Rubicon» überschritten, der für sie die Grenze zwischen einem Bewußtsein bildete, das ihnen die Einheit des Eigenwesens mit der Welt noch verbürgte, und dem Beginn einer neuen Bewußtseinsstufe, die immer mehr den Ausblick eröffnet auf das künftige freie, aus eigenen Intuitionen handelnde Menschenwesen.

Wenn also in diesem Lebensalter das Kind auf neue Art mit den Tierwesen bekannt werden soll – viele Tiere kennt es schon aus den Fabeln des zweiten Schuljahres –, wenn der Zeitpunkt dieses Bekanntwerdens wie das individuelle Nacherleben eines uralten Geschehnisses der lemurischen Erdepoche und wie das Nacherleben eines geschichtlichen Ereignisses (des Überganges von der altägyptischen Epoche zur griechischen Kultur) sich darstellt, welches Tier könnte dann sinnvoller an den Beginn der ersten Tierkunde-Epoche gestellt werden als der Tintenfisch? Ist er nicht eigentlich «das Tier aller Tiere»?

Dies und noch vieles andere könnte man dem Herrn Schulrat auf seine Frage: «Warum gerade ein Tintenfisch?» als Antwort zu geben versuchen. Vielleicht könnte man ihm noch sagen, daß es für die Kinder des vierten Schuljahres eines der tiefsten Erlebnisse ist, am Anfange der Tierkunde-Epoche von jenem seltsamen Wesen zu erfahren, das ihnen so erdenfremd und doch so weltvertraut ist.

Fragt doch die Kinder selber!

## BRIEF EINES ÄLTEREN LEHRERS AN EINEN JÜNGEREN LEHRER

Lieber Freund!

Bei unserer letzten Begegnung während der pädagogischen Arbeitswoche klagten Sie mir Ihr Leid, daß das Unterrichten, das doch immer Ihre große Freude war, Ihnen mehr und mehr Mühe mache, daß Sie fürchten müßten, Ihr Enthusiasmus gehe Ihnen noch ganz verloren, daß Sie weder mit sich selbst noch mit Ihrem Unterricht zufrieden sein könnten, und daß Sie sich nur wunderten, wie brav und willig Ihre Schulkinder gleichwohl seien.

Vielleicht darf ich Ihnen sagen, daß mir Ihre Klage gar nicht überraschend kam. Seit Sie Ihre Klasse vor fünf Jahren im ersten Schuljahr übernommen haben, hatte ich immer wieder Gelegenheit, von Ihnen selbst und auch durch andere Freunde zu hören, wie lebendig und befriedigend Ihre Arbeit gewesen ist, wie die Kinder Sie lieb hatten – und noch haben! – und welch schönen Kontakt Sie mit den Eltern Ihrer Kinder haben. Sie wurden mir immer gerühmt als derjenige, der mit strahlendem Gesicht in die Klasse geht und ebenso strahlend vom Unterricht wiederkommt. Und das soll nun anders geworden sein?

Der Enthusiasmus ist eine herrliche Sache. Man mag pädagogisch noch so viele Schnitzer machen, der echte Enthusiasmus wird von den guten Göttern als vollgültige Währung angenommen und sie sind um dieser Gabe willen bereit, alles Unvollkommene auszubessern. (Wenn ich Ihnen von den Torheiten meiner ersten Unterrichtstätigkeit erzählen würde!) Aber der Enthusiasmus, der sozusagen naturgegebene, hat die Tendenz, einmal aufzuhören. Als Kraft möchte er bestehen bleiben. Er kann dies aber nur, wenn er verwandelt wird. Wie kann eine solche Umwandlung geschehen? Er muß ja auf einer höheren Stufe wiedergeboren werden. Dazu muß er zunächst absterben. Sie erleben gegenwärtig diesen Absterbeprozeß. Sie sagen, es falle Ihnen im Unterricht nichts mehr Gescheites ein, trotz aller Bemühung bei der Unterrichtsvorbereitung.

Es ist ja für uns Lehrer immer wieder die Zentralfrage: Woher können wir die Kraft nehmen zu unserem Tun? Woher das Licht, das uns erleuchten kann? Wir fühlen, daß wir eine immer stärkere Kraft einsetzen müssen in einer Zeit, die allem, was wir anstreben, so ungeheure Wider-

Kreuzworträtsel

stände entgegensetzt. Aber Sie wissen ebenso gut wie ich, daß unsere Kraftquelle die Anthroposophie ist, die uns den Weg aufzeigt von unserer eigenen Geistigkeit zu der Geistigkeit des Weltalls. Damit wiederhole ich nur, was Ihnen längst bekannt ist. Die Frage ist für Sie gegenwärtig ganz konkret: was kann ich in meiner Situation tun, um diesen Zustand aus eigener Kraft umzuwandeln?

Lassen Sie mich einfach ein paar «Rezepte» aufschreiben, deren Anwendung es möglich macht, daß die pädagogischen Phantasiekräfte sich neu wieder einstellen können.

Denn es ist ja eine Sache der pädagogischen Phantasie, daß man beim Unterrichten die rechten Einfälle habe. Um die Leute, die vor der Phantasie Angst haben, weil sie in ihren Gehirnen zur Phantastik wird, brauchen wir uns ja nicht zu kümmern. Solche wissen nichts von der exakten Phantasie, die es für alle Lebensgebiete geben kann.

Den Ausgangspunkt wollen wir aber vom Denken nehmen. Dann sind wir von vorneherein gefeit gegen zielloses Irrlichtelieren.

Ich will die «Rezepte» numerieren. Also

*Erstens:* Nehmen Sie einmal wieder das kleine Büchlein «Praktische Ausbildung des Denkens» von Rudolf Steiner zur Hand. Das ist doch gut, daß Sie jetzt gerade in die Ferien gehen, in die Berge oder ans Meer. Da haben Sie die allerschönste Gelegenheit, die Übung der Wolkenbetrachtung zu machen. Es tut uns ja allen so gut, übungsmäßig Dinge zu betrachten, deren Zusammenhänge wir trotz aller «Wissenschaft» noch nicht durchschauen können. Daß wir einfach bei der Betrachtung stehen bleiben und das eine Beobachtungsbild sich in das andere verwandeln lassen. Haben Sie schon gemerkt, wie schwer es ist, ein Bild – etwa das der Wolkenbildung am Abend – innerlich festhalten zu können, daß es am anderen Tage wieder Erinnerung werden kann? Sie können sich die Sache etwas erleichtern, wenn Sie sich die Wolkenbilder selbst beschreiben: da ist eine Sphinx mit drei Flammenzungen über dem Haupt, dort ein Riesengürteltier über dem fernen Bergwald ...

Dann die Denkübungen an den kleinen Dingen, an der Sicherheitsnadel, am Füllfederhalter (das ist heute schon ein komplizierter Bursche geworden), am einfachen Fensterriegel. Bei diesen Übungen handelt es sich ja vor allem darum, daß man sie macht.

*Zweitens:* Versuchen Sie Rätsel zu lösen. Aber nehmen Sie nur gute Rätsel, also nicht die primitiven atomisierten Gebilde der Kreuzworträtsel, die letztlich nur verdummen (und deshalb so beliebt sind). Nehmen Sie sich das schöne Rätselbuch von Franz Brentano, den «Aenigmatias» zur Hand! Kennen Sie die Geschichte aus der Konferenz, die Rudolf Steiner mit den Lehrern der ersten Waldorfschule abgehalten hat? Er war unzufrieden gewesen, weil die Lehrer eine Angelegenheit ungeschickt behandelt hatten und sagte: «So kann man das nicht machen. Man muß sich für solche Dinge doch etwas Schläue aneignen.» Damals fragte die Lehrerin B. tapfer: «Herr Doktor, wie kann man sich denn Schläue aneignen?» Und die prompte Anweisung Rudolf Steiners: «Lösen Sie Brentano'sche Rätsel.»

Also die Rätsel von Brentano sind das Richtige. Brentano als Philosoph hat sich ja gründlich mit der Frage nach dem Verhältnis von Begriff und Wahrnehmungsobjekt befaßt. Er empfand das Bedürfnis, selber die Begriffe hinter Wahrnehmungsobjekten derart zu verstecken, daß sie sich hinter dem Wahrnehmungsobjekt (dem Rätsel) verbergen und doch gerade wieder durch die Hülle offenbar werden konnten. Sie finden Genaueres darüber in Rudolf Steiners Aufsatz «Der Philosoph als Rätselschmied».

*Drittens:* Versuchen Sie Rätsel zu bilden. Sie sind doch ganz sprachbegabt. Vielleicht haben Sie Glück, geistvolle Tischgesellschaft zu finden. Regen Sie das Rätselbilden an. Jeder soll zum Frühstück ein neues selbstgemachtes Rätsel mitbringen. Es werden ganz erstaunliche Talente zum Vorschein kommen. Die besten Rätsel sind diejenigen, bei denen das Bild, hinter dem sich das Rätselwort versteckt, in vielen Einzelheiten die Verhüllung des Wortes möglich macht. Ich bin Ihnen schon jetzt dankbar, wenn Sie mir die Ergebnisse Ihrer Produktionskraft übersenden, ich habe nämlich schon eine hübsche Sammlung von solchen Rätseln, die auch im Unterricht den Kindern große Freude machen. Was für eine Begeisterung war es, als ich einmal im Menschenkunde-Unterricht einer siebenten Klasse – wir hatten gerade Ernährungslehre besprochen – den Kindern das Brentano-Rätsel «Die Fürstin und ihre Getreuen» brachte. Wer aber die Lösung gefunden hat, darf sie auf keinen Fall laut ausrufen, sondern nur leise dem Lehrer ins Ohr sagen. Nebenbei: Fast alle Kinder haben das nicht ganz leichte Rätsel doch herausgebracht.

Das Rätselbilden und das Rätsellösen sind sozusagen Vorübungen für die beiden folgenden Anweisungen, die Sie in Rudolf Steiners Büchlein «Die Erziehung des Kindes vom Gesichtspunkte der Geisteswissenschaft» angedeutet finden. Also

*Viertens:* Versuchen Sie zu jedem Naturgeschehen das geistige Urbild zu finden. Eine schwere Sache. Sie kennen ja das Beispiel von dem aus der Puppe kriechenden Schmetterling. Die Natur hat hier im Gleichnis – denn jeder Naturvorgang ist, wie alles Vergängliche, das Gleichnis eines Unvergänglichen – dargestellt, was mit der menschlichen Geistseele geschieht, wenn sie den Erdenleib im Todesaugenblicke verläßt. Sie werden zu dem einfachsten Naturereignis das rechte Urbild finden. Da fällt ein reifer Apfel vom Baum. Man kann durch eine denkende Betrachtung finden, daß hier das Naturgleichnis gegeben ist für die Seelentatsache, die sich ergibt, wenn ein Gedanke so lange im Menscheninnern gereift ist, bis er sich durch das rechte Wort von der Seele loslösen kann als Geistesfrucht. Darum sagt der König Salomo: «Ein Wort, geredet zu seiner Zeit, ist wie goldener Apfel auf silberner Schale.» Damit sind wir aber schon beim nächsten Rezept angelangt. Denn es wäre

*Fünftens* auch zu jedem seelisch-geistigen Tatbestand und Vorgang das entsprechende Naturgleichnis zu suchen. Da begegnen sich zwei Menschen, die sich vom ersten Augenblick an innerlichst verstehen. Da wird ein weinendes Kind getröstet. Das sind seelische Geschehnisse. Zeigt uns die Natur nicht für das eine Geschehen das Wunder des Ertönens einer Saite, wenn eine andere gleichgestimmte angeschlagen wird? Und ist nicht der Regenbogen nach dem Gewitter das Bild des himmlischen Trostes? Sie werden Beispiele genug finden und wir brauchen ja solche Gleichnisse, wenn wir den Kindern rechte Seelennahrung geben wollen.

Aber gute Vorbilder sind oft auch für uns die beste Anregung. Ich rate Ihnen daher

*Sechstens:* recht fleißig die «Kleinen Mythen» von Albert Steffen zu lesen. Da haben Sie in vollendeter künstlerischer Form die Geschehnisse des menschlichen Alltags so geschildert, daß durch die Art der Schilderung der höhere Sinn unmittelbar offenbar wird. Das Sinnlich-Wirkliche hat da die höhere Form des Poetisch-Wirklichen erfahren. So etwas sollten wir auch pädagogisch zu erreichen suchen.

Wollen Sie noch ein *siebentes* Rezept? Fast scheue ich mich, es zu nennen. Aber wir sind ja vernünftige Leute und so können wir auch mit unserer Vernunft recht aufnehmen, was der Geistesforscher uns zu sagen hat. Sie wissen doch, daß die Elementarwesen, die in den Naturreichen wirksam sind, keinen rechten Zugang zum Seelenwesen der kleinen Kinder haben. Sie haben aber ein tiefes Interesse, von diesem Seelenwesen etwas zu erfahren. Und sie erweisen sich dankbar, wenn man ihnen Erlebnisse mit kleinen Kindern erzählt. Hauptsache ist nur, daß «wir uns nicht superklug dünken und uns nicht fürchten». Wenn Sie aber die Superklugheit und die Furcht einigermaßen beiseite schieben können – was ich Ihnen ohne weiteres zutraue –, dann gehen Sie in den Bergwald und erzählen den kleinen Geistern etwas von den kleinen Kindern, und die kleinen Geister – sie sind in Wirklichkeit mächtig genug – werden es Ihnen freundlich danken und Ihnen zu den schönsten Gedanken verhelfen, wenn Sie wieder vor den Kindern in der Schulstube stehen.

Glauben Sie, in wenigen Wochen sieht die Welt schon wieder anders für Sie aus und der Enthusiasmus kommt dann aus der übenden Einsicht als eine auferstandene Kraft, nachdem er vorher als Ihre Wesensveranlagung hat absterben müssen. Und schließlich sind alle unsere Begabungen dazu da, aus Einsicht und Übung auf höherer Stufe wieder zu erstehen. Sie werden es selbst erleben, was Albert Steffen vom Lehrer gedichtet hat:

Von solcher Schwere
grundlos bedrückt,
sinnlos die Lehre,
die sonst beglückt.

Jetzt können Kinder
Besseres fast
als Gottergründer
sich selbst zur Last.

Bei Schülern sitzen,
mit Farbenreiben
und Bleistiftspitzen
die Zeit vertreiben.

Den Regenbogen
aus bunten Schalen
sorglich gezogen.
Und selber malen.

Das gibt nur gräßliche
Farbentümpel,
hinweg das häßliche
Seelengerümpel.

Ein Engel hat
mir zugewinkt.
Ein frisches Blatt!
Sein Bild gelingt.

Mit allen guten Wünschen für die Ferienzeit und für einen frohen Wieder-Anfang in Ihrer Schulklasse

Ihr . . .

# VON DER ERZIEHUNG ZUM SOZIALEMPFINDEN

Soziales Empfinden – der Begriff im weitesten Sinne gemeint – ist eine moralische Angelegenheit. Moral kann nicht gelehrt werden. Moral muß begründet werden. Letztlich ist Moral Menschenliebe, die auf Menschenerkenntnis sich gründet. Sie muß wirksam werden dort, wo das individuelle Menschenwesen, eine Welt für sich, in tätige Beziehung tritt zu dem anderen Menschenwesen, das auch eine Welt für sich ist.

In einer Zeit, in der das menschliche Selbstbewußtsein noch nicht bis zu jener Stärke sich entfaltet hatte, die das Charakteristikum des gegenwärtigen Menschen ist, also in einer Zeit, da der Einzelne sich als Glied einer Gemeinschaft erlebte innerhalb der Familie, des Stammes, der Volkheit, da konnte die Beziehung von Mensch zu Mensch durch Sittengebote geordnet werden. Und diese Gebote konnten unmittelbar Anerkennung finden. Die großen Inauguratoren der alten Menschheitskulturen, die Mysterienführer und die Gesetzesbringer, konnten soziale Formen stiften, in denen Götterabsichten ihre Verwirklichung fanden. Als die Bewußtseinsentwicklung der Menschheit schon weit hinausgeschritten war über die früheren Erlebnisformen, behielten die alten Gebote eine lange noch nachwirkende Gültigkeit. So stark war diese Nachwirkung, daß die Philosophen des 18. Jahrhunderts – vor allem Kant – glauben konnten, ein «allgemeines Sittengesetz» sei nicht nur erstrebenswert, sondern objektiv möglich.

Ein solches «allgemeines Sittengesetz» müßte aber jede sittliche Handlung aus Einsicht und Liebe, also jede wahrhaft freie Tat von vorneherein zur Unmöglichkeit werden lassen.

Gerade darum wird es sich in Zukunft immer mehr handeln müssen, daß der Mensch für jeden besonderen Fall des sozialen Geschehens die entsprechende sittliche Intuition zu finden vermag, daß er also aus einer unmittelbar erlebten Gegenwart des Geistes handeln kann.

In der «Philosophie der Freiheit» (1894) hat Rudolf Steiner nicht nur die Freiheit als Inhalt des Bewußtseins nachgewiesen, sondern auch den von der Beobachtung des Denkens ausgehenden Weg gezeigt, der über das egoistische oder durch Autorität veranlaßte Handeln hinaus zur Verwirklichung rein intuitiv erfaßter Sittlichkeitsziele führen kann.

Wie aber kann durch Erziehung Moral begründet werden? Wie kann der Mensch durch Erziehung den Weg finden zum rechten sozialen Empfinden?

Alles Moralische hängt mit der menschlichen Willensorganisation zusammen. Das reale Willensgeschehen entzieht sich unserem Bewußtsein. Dieses versteht zunächst nur im Vorstellungsleben voll wach zu sein. Zwischen dem schlafenden Willensleben und dem wachen Leben in Vorstellungen und Begriffen steht das träumende Gefühlsleben. Es wird sich also darum handeln müssen, die Wege aufzufinden, auf denen das Gefühls- und Willensleben in gesunder Weise erstarken können. Für den erwachsenen Menschen mögen es immerhin Vorstellungen und Begriffe sein, die, mit genügender Intensität erlebt, den Willen zum moralischen Tun befeuern. Nicht als ob solche Vorstellungen und Begriffe in Form von Geboten gegeben werden sollten. Es müssen Vorstellungen und Begriffe sein, die sich auf ein Geistig-Wesenhaftes beziehen in einer ebenso exakten Art, wie naturwissenschaftliche Begriffe sich auf Sinneserscheinungen beziehen. Aus der uns umgebenden Sinneswelt können aber nie und nimmer moralische Impulse gewonnen werden. Auch die naturwissenschaftlichen Begriffe, die *an* dieser Sinneswelt gewonnen sind, vermögen den Willen zum moralischen Tun nicht aufzurufen. Wenn also der erwachsene Mensch durch Vorstellungen und Begriffe sich zur moralischen Tat aufschwingen soll, so kann es sich nur um solche Vorstellungen und Begriffe handeln, die sich auf eine Welt des Geistigen beziehen. Also geisteswissenschaftliche Begriffe.

Wie kann aber der Mensch durch Erziehung vorbereitet werden zu einer solchen Erkraftung des Gefühls- und Willenslebens einerseits, daß das letztere zur moralischen Tat kommen kann durch die entsprechenden Vorstellungen, und wie kann das Menschenwesen so herangebildet werden, daß es diese Vorstellungen auch auffinden kann, die den Willen im Sinne eines rechten sozialen Verhaltens zu impulsieren vermögen?

Man könnte eine summarische Antwort geben: Alle pädagogischen und methodischen Hinweise, die Rudolf Steiner in der Schrift «Die Erziehung des Kindes vom Gesichtspunkte der Geisteswissenschaft» gibt, dienen diesem Ziel.

Die erste Voraussetzung für eine gediegene Willensbildung wird im ersten Lebensjahrsiebent geschaffen durch eine gesunde Leibesorganisation und durch das rechte soziale Vorbild der Erwachsenen.

Es kann nicht eindringlich genug betont werden, wie wichtig eine sachgemäße Sinnespflege und eine lebensgemäße Ernährung für das kleine Kind sind. Auf Grund der Sinneserlebnisse und der Nahrungsmittel werden die Organe des kindlichen Körpers, welche durch die Vererbung gewissermaßen als «Organmodelle» gegeben sind, der Individualität des Kindes gemäß ausgestaltet. Alles, was in diesem Lebensalter an das Kind herankommt, fördert oder hemmt die Leibesbildung, welche die Grundlage der Willensorganisation werden soll. Auf diesem Gebiete bedeutet der Verlust der alten instinktiven Fähigkeiten, die bei der Pflege des Kindes durch lange Zeiträume der Menschheitsentwicklung gewirkt haben, unermeßlich viel. Und die aus der neueren Naturwissenschaft gewonnenen Meinungen über das, was einem Kinde zuträglich sei und was nicht, erweisen sich in den allermeisten Fällen als illusorisch. Es soll der gute Wille nicht verkannt werden, der hinter solchen Meinungen stehen mag. Aber wirklich fruchtbar können auf diesem Lebensgebiete nur solche Ideen werden, die durch eine echte Geisteswissenschaft gefunden sind. Die moderne Naturwissenschaft, die ihre Größe deshalb erreicht hat, weil sie mit Konsequenz die Erforschung der Erscheinungen einzig auf das Feld des Quantitativen beschränkt hat, auf Maß, Zahl und Gewicht, vermag keinen Aufschluß zu geben über die qualitativen Wirkungen von Substanzen und Kräften im Weltgeschehen. Gerade auf dieses Qualitative der Sinneswirkung muß ganz besonders hingeschaut werden, wenn dem kleinen Kinde die rechte Umgebung geschaffen werden soll.

Zu dieser Umgebung gehört aber auch alles das, was durch des Menschen soziales Tun und Verhalten zur sinnenfälligen Erscheinung wird. Eine ungeheure Bildekraft ging einst aus von den sozialen Formen, die durch alte Mysterienweisheit geschaffen waren. Ein Kultus, ein Jahresfest, ein Wochenrhythmus, Feierabend und Gebet, all das wirkte auf das Kind in seinem ersten Lebensjahrsiebent nicht durch einen Gedankeninhalt, auch nicht durch ein künstlerisch-ästhetisches Element, sondern durch eine Kraft, die willensartiger Natur ist, auf das gesamte Sinneserleben. Der Anblick eines betenden oder segnenden Menschen, die Stimme eines Erwachsenen, der geheiligte Worte spricht, sie ergossen sich unmittelbar in die noch bildsame und nach Bildekraft sich sehnende Organisation des Kindes, gesundend, gestaltend, formend.

Es gehört zu den verpflichtenden Aufgaben des Erwachsenen, in Gegenwart eines kleinen Kindes die eigenen Gedanken, Worte und Gebärden verantwortungsvoll selbst zu beobachten und zu lenken. Es ist im höchsten Maße wohltuend für ein kleines Kind, wenn es in seiner Umgebung einen verehrungswürdigen alten Menschen haben darf, wenn es erleben darf, wie den alten Menschen von den anderen Verehrung entgegengebracht wird.

Kommt das Kind zur Schule, so tritt es dem Lehrer in einem selbstverständlichen Autoritätsverhältnis gegenüber. Es gehört zu den fundamentalen Entwicklungsgesetzen der menschlichen Natur, daß nur dann in rechter Art nach dem einundzwanzigsten Lebensjahr zur Entfaltung der Freiheit vorgeschritten werden kann, wenn im zweiten Lebensjahrsiebent das Kind im weitesten Umfange die Autorität des Erwachsenen hat erleben dürfen. Aber noch ein anderes kommt für dieses Lebensalter in Betracht. Wenn das Wissen um Gut und Böse durch den Erwachsenen dem Kinde autoritativ vermittelt wird, so muß das Kind ein ästhetisch-künstlerisches Wohlgefallen am Guten haben können. Das Gute muß vom Kinde als etwas Schönes, das Böse als das Häßliche erlebt werden. Auch hier muß gewußt werden, daß der Weg zur freien Persönlichkeit nicht geschritten werden kann, wenn auf diesem Wege nicht in dem Lebensalter zwischen sieben und vierzehn Jahren die ganze Erziehung, der ganze Unterricht von einem durchgreifend künstlerischen Element durchzogen waren. Es gehört zu den schlimmsten sozialen Vorurteilen, wenn das Ästhetisch-Künstlerische «nur» als eine verschönende «Zugabe» zu den sogenannten Lebensrealitäten angesehen wird. Man verkennt die wahre Lebenswirklichkeit, wenn man im künstlerischen Schaffen nicht die Offenbarung einer die Welt konstituierenden Kraft zu erblicken vermag. Es ist recht wenig sinnvoll, in der Schule «musische Fächer» *neben* den sogenannten «Sachfächern» zu haben. Wenn nicht jede Unterrichtsstunde für das Kind im zweiten Lebensjahrsiebent aus einem künstlerischen Empfinden heraus gestaltet ist, nach objektiven künstlerischen Gesetzen, dann ist alles Reden von musischer Erziehung und dergleichen doch wesenlos.

Wenn Goethe gesagt hat, daß der Stil auf den tiefsten Grundfesten der Erkenntnis beruhe, wenn Schiller vom Künstler sagen kann, daß dieser nur durch das Morgentor des Schönen in der Erkenntnis Land getreten sei, so darf im Hinblick auf die Erziehung zur Moral gesagt werden, daß kein Mensch zum rechten sozialen Empfinden auf rechte Weise gelangen kann, der nicht im entsprechenden Lebensalter, durch selbstverständliche Autorität vermittelt, die Welt künstlerisch-ästhetisch erleben und eine sinnvolle Pflege der in jedem Menschen veranlagten künstlerischen Schaffenskräfte erfahren durfte.

Dazu kommt noch ein anderes. Unsere gegenwärtige Zivilisation, errungen und erschaffen durch die zum Selbstbewußtsein erwachten Ich-Kräfte der menschlichen Wesenheit, ist ganz und gar auf den Egoismus gegründet. Kein Kulturgebiet ist davon ausgenommen. Rudolf Steiner mußte den Lehrern sagen: «Wir leben in der Zeit, in der dieser Appell an den menschlichen Egoismus in allen Sphären bekämpft werden muß, wenn die Menschen nicht auf dem absteigenden Wege der Kultur, auf dem sie heute gehen, immer mehr und mehr abwärts gehen sollen.» Man steht vor der großen Zeitenfrage: Die Menschheit mußte zum Selbstbewußtsein kommen. Alle künftige Entwicklung wird auf diesem Selbstbewußtsein beruhen müssen. Aber das Selbstbewußtsein erzeugt zunächst notwendigerweise den Egoismus. Wie ist ein «selbstloses Selbstbewußtsein» möglich?

Der erwachsene Mensch kann Selbsterziehung üben. Er kann das alte Mysterienwort «Erkenne dich selbst» neu erklingen hören. Dieses Wort weist heute auf Kräfte hin, die in jedem Menschen schlummern, die aber nur vom Menschen selbst zur Erweckung gebracht werden können. Diese Kräfte erweisen sich als Erkenntnis- und Bildekräfte zugleich. Durch sie kann der Mensch das göttliche Schöpferwerk, aus dem sich die Gottheit um der menschlichen Freiheit willen zurückgezogen hat, fortsetzen. Seine aus Freiheit vollbrachten Taten werden im Einklang mit den Weltgesetzen sein.

Zeichnet sich so das menschliche Entwicklungsziel ab, in Demut und in Würde zugleich, und kann der seiner selbst sich bewußt gewordene Mensch den Weg zu diesem Ziel beschreiten, so muß sich die Frage aufdrängen: was kann am Kinde und am jüngeren Menschen getan werden, das sich als rechte Vorbereitung zu diesem Wege erweist?

Da wird es sich neben den schon charakterisierten Prinzipien darum handeln, bis in die methodische Praxis hinein zu erkennen, *wie* der Unterrichtsinhalt, der als Inhalt durchaus zeitbedingt sein darf, an das Kind herangebracht wird. Die Art, wie aus der Bewegung die Buchstabenform, aus dem Schreiben das Lesen entwickelt wird, die Art, wie die verschiedenen Rechenoperationen an das Kind herangebracht werden, die Reihenfolge der Unterrichtsfächer nach den Altersstufen des Kindes, der Aufbau der einzelnen Unterrichtsstunde, all dies kann und muß so geübt werden, daß jede einzelne Handhabung im Sinne der Bekämpfung des Egoismus und im Sinne der Moralbegründung wirke. Wenn im Tierkunde-Unterricht auf das spezifisch Menschliche der Gliedmaßenorganisation (die beim Tiere nur der Befriedigung der Bedürfnisse des Rumpfes dient) hingewiesen wird, so liegt in der Methode der Darstellung schon etwas, das in gesundender Art auf die Willensnatur des Kindes wirkt. Am Beispiel des Tintenfisches konnte das gezeigt werden. Und wenn das Kind eine solche Tiergestalt wie eine Art selbständig gewordenes menschliches Haupt empfinden kann, dann liegt in einer solchen Empfindung gerade das, was egoismus-bekämpfend wirkt. Es ist nicht gleichgültig, ob im Rechenunterricht, bei der Einführung der Subtraktion, vom Minuenden über den Subtrahenden zum Rest gegangen wird oder ob, der Wirklichkeit gemäß, von der Realität des Restes ausgegangen wird und dann die Differenz gegenüber dem Ausgangswert aufgesucht wird. Solche Dinge sind nicht ausgeklügelte Meinungen, in solchen Dingen liegen die Keime zu Kulturentscheidungen.

Jedes Unterrichtsfach, jede Unterrichtsstunde kann solche Keime zeitigen.

Soziales Empfinden, moralisches Tun müssen auf Menschenerkenntnis gegründet sein. Menschenerkenntnis erwächst nur aus tiefem Interesse für den anderen Menschen. Es gehört zu den sozial verhängnisvollen Gepflogenheiten der Gegenwart, daß wir diejenige Welt, die neben der naturgegebenen durch Menschengedanken erschaffen ist, also die ganze Welt des Technischen, in umfänglichstem Maße genießen, ohne daß wir an den Gedanken, nach denen diese technische Welt aufgebaut ist, tätigen Anteil nehmen. Wir haben aber nur dann ein Recht, in dieser nach Menschengedanken aufgebauten Welt zu leben, wenn wir es uns angelegen sein lassen, wenigstens die Grundgedanken, die den technischen Schöpfungen zugrundeliegen, aufzusuchen und nachzudenken. Die Gleichgültigkeit gegenüber diesen Gedanken macht uns schwach für das soziale Leben.

Es gehört zu den großen Aufgaben der Schule, dafür zu sorgen, daß beim Kinde und beim jüngeren Menschen eine solche Interesselosigkeit gar nicht aufkommen kann. Daß vielmehr eine intensive Sehnsucht erzeugt werde, ungeheuer wißbegierig zu werden in Hinsicht auf die Dinge und Vorgänge der Umgebung. Man glaube nicht, daß durch die massenhaft erzeugte popularwissenschaftliche technische Jugendliteratur das reale Interesse gefördert werde. Nur allzuleicht verführt solche Literatur den jungen Menschen zu dem Hochmut, der verächtlich auf das Automobilmodell des Vorjahres herunterblickt, oder zu Halbbegriffen, die nicht im mindesten fundiert sind. Dann glaubt so ein vierzehnjähriger Jüngling das Elektronenmikroskop zu verstehen. Wenn man ihm aber eine Kreide in die Hand gibt und sagt: zeichne mir einmal eine einfache Tischlerschraube an, dann stellt es sich heraus, daß er ein solch alltägliches Objekt noch gar nie richtig angesehen hat, daß er nicht einmal weiß, in welcher Richtung das Schraubengewinde verläuft. Auf diesem Gebiete ist gerade die Liebe zum Kleinen, zum Alltäglichen, von besonderer Wichtigkeit.

Kein Kind sollte daher die Schule verlassen, ohne die Anleitung zur Entfaltung dieses Weltinteresses durch Erziehung und Unterricht bekommen zu haben. Es ist viel wichtiger, daß das Kind in der Schule lerne, einen einfachen Geschäftsaufsatz sachlich zu schreiben, als daß es mit den üblichen Aufsatzthemen über Tugend, Bürgerglück, Freiheit (was für eine?) und Heimatliebe belästigt werde. Und es wäre viel wichtiger, das Rechnen überzuführen in eine einfache Art der Buchführung, als jene Art unrealer Rechenaufgaben zu lösen, welche die Frage stellen, wie lange ein Mensch arbeiten muß, um zu einem so großen Kapital zu kommen, daß er von dessen Zinsen leben kann. Jede Rechenaufgabe, die sozial unwirklich ist, verdirbt etwas in der Seele des Kindes. Es sei denn, daß die nicht wirklichkeitsgemäße Rechenaufgabe eingekleidet ist in ein humoristisches oder gar poetisches Bild. Es gibt in mittelalterlichen Rechenbüchern, auch bei den älteren Indern und Chinesen, ganz entzückende Rechenaufgaben solcher Art.

Bei all diesen Anleitungen kann es sich nicht darum handeln, daß das Kind eine für das ganze Leben bleibende Kenntnis von Fasergewinnung und Stoffherstellung, Seifenfabrikation, Lederbereitung, Bergwerk, Strassenbau und dergleichen gewinne. Wenn das Kind über diese Dinge etwas aufgeschrieben hat in seinem Schulheft, und wenn das Schulheft dann verloren geht, so schadet das gar nichts. Die Hauptsache ist, daß der Mensch sich später sagen kann: ich habe über diese Dinge in der Schulzeit etwas erfahren und ich kann mich deshalb heute für alles interessieren, was Menschen denken und tun.

Aber nicht nur für dieses umfassende Menscheninteresse soll die Schule die Anregung geben. Heute ist es notwendig, daß durch das Erziehungswesen dem Kinde ganz konkrete Empfindungen gegeben werden über das Wesen des sozialen Organismus. In der Schrift «Die Kernpunkte der sozialen Frage in den Lebensnotwendigkeiten der Gegenwart und Zukunft» (1919) ist von der Dreigliederung des sozialen Organismus die Rede. Rudolf Steiner zeigt in dieser Schrift, wie das vom Staat verwaltete Rechtsleben, das die menschlichen Beziehungen, insoferne dieselben Rechtsbeziehungen sind, zu regeln hat, nicht die Aufgabe haben kann, das Geistesleben zu verwalten und Staatswirtschaft zu treiben, sondern wie es sich gerade auf die Verwaltung des Rechtswesens zu beschränken hat, während das Geistesleben und das Wirtschaftsleben sich als selbständige Glieder des sozialen Organismus auszugestalten haben. Jeder Mensch ist durch sein Mensch-Sein an allen diesen drei Gliedern des sozialen Lebens beteiligt. Es kann sich also dabei nicht um die Erneuerung einer alten ständischen Gliederung handeln, sondern darum, daß jeder Mensch ein Wissen davon habe, wie diese drei Glieder auf rechte Art miteinander in

Wechselwirkung kommen können. In der genannten Schrift sagt Rudolf Steiner: «Die gegenwärtige geschichtliche Menschheitskrisis fordert, daß gewisse *Empfindungen* entstehen *in jedem einzelnen Menschen,* daß die Anregung zu diesen Empfindungen von dem Erziehungs- und Schulsystem so gegeben werde, wie diejenige zur Erlernung der vier Rechnungsarten . . .

. . . Daß man gesund empfinden lernen müsse, wie die Kräfte des sozialen Organismus wirken sollen, damit dieser lebensfähig sich erweist, das wird von der Gegenwart an von dem Menschen gefordert . . . Es muß einziehen in die menschlichen Herzen, in die menschlichen Seelen wenigstens die *instinktive* Erkenntnis von der Notwendigkeit der *Dreigliederung des sozialen Organismus.*»

Die Stufen der Erziehung zum Sozial-Empfinden, zum Handeln aus Freiheit sind also

für das erste Lebensjahrsiebent:
gesunde Sinnespflege und soziales Vorbild

für das zweite Lebensjahrsiebent:
künstlerisch-ästhetisches Weltempfinden

für das dritte Lebensjahrsiebent:
umfassendes Welt- und Menscheninteresse.

Auf allen drei Stufen soll aber der Erzieher, der Lehrer der aus Einsicht Handelnde sein.

# VON DER FREIEN SCHULE IM FREIEN GEISTESLEBEN

Wer das Glück hat, an einer Waldorfschule unterrichten und erziehen zu dürfen auf Grund einer geisteswissenschaftlichen Menschenkunde, der wird, ob ihm nun sein pädagogisches Tun mehr oder weniger gelingt, doch immer die tiefe Überzeugung in seiner Seele tragen: ich bin auf einem rechten Wege. Er wird aber auch erleben, welche Widerstände sich diesem Streben entgegenstellen. Liegt die Ursache dieser Widerstände in ihm selbst, so wird er an den Kindern lernen dürfen, er wird Selbsterziehung üben können. Er wird dies mit Selbstverständlichkeit tun, denn er weiß, daß er nicht erziehen könnte, wenn er sich nicht selbst erzöge, daß er nicht lehren könnte, wenn er sich selber nicht belehren ließe, sei es von der Welt, sei es von seinem höheren Selbst. Er weiß auch, daß er die Liebe der Kinder um so mehr gewinnen kann, je weniger er sich selbst lieb hat, daß die Kinder ihn um so mehr achten, je mehr Selbstachtung er hat. Und er darf das feste Vertrauen haben, daß er aus den inneren Hemmnissen und Widerständen, wenn er sie umwandelt, eine erhöhte Kraft gewinnen kann.

Aber wie ist es mit den Hemmnissen und Widerständen, die von außen kommen?

Es soll hier nicht die Rede sein von all den Dingen, die auf die Kinder einstürmen, sie verlocken oder bedrängen. Darüber kann man heute täglich in jeder Zeitung oder Zeitungsbeilage lesen. Ein Zeichen dafür, daß dies sekundäre Dinge sind.

Es handelt sich um eine Kernfrage, um die Abhängigkeit des Schulwesens.

In den Zeiten, da Religion, Kunst und Wissenschaft aus der einheitlichen Mysterienquelle kamen und demzufolge selbst eine Einheit bildeten, konnte die Frage, *wer* die Kinder und die jüngeren Menschen erziehen solle, gar nicht zum allgemeinen Problem werden. Diese Frage taucht erst dort auf, wo bestimmte Erziehungsziele vorliegen. Diejenigen, welche diese Ziele anstreben, sind zugleich die Erzieher. Nirgends ist zunächst das Erziehungswesen abhängig von einer außerhalb seines Kreises wirkenden Gewalt. Dies ist nicht einmal der Fall im christlichen Mittelalter. Jeder Stand bildet die Jugend nach seinen eigenen Lebensbedingungen heran. Der Lehrer in der Klosterschule, der Zuchtmeister des ritterlichen Standes, der bürgerliche Zunft- und Handwerksmeister, sie bildeten und erzogen nicht im Auftrage einer außerständischen Macht.

Alle diese Verhältnisse änderten sich grundsätzlich, als die staatliche Gewalt die allgemeine Schulpflicht und später den Schulzwang einführte. In den europäischen Ländern begann diese Entwicklung mit dem Anfang des 17. Jahrhunderts. Es soll gar nicht geleugnet werden, daß eine solche Entwicklung geschichtlich notwendig war und daß sie auch manches Segensreiche gebracht hat. Aber Wohltaten können sich in ihr Gegenteil verkehren, wenn sie nicht mehr zeitgemäß sind.

Und die Verwaltung der Schule durch den Staat ist heute nicht mehr zeitgemäß.

Daß derjenige, der solches ausspricht, als närrischer Ideologe oder Schlimmeres angesehen wird, ist nicht verwunderlich. Gewisse Meinungen haben sich durch längere Zeiten hindurch derart befestigt, daß, wenn an sie gerührt wird, dieses Rühren als Sakrileg angesehen wird. Zu diesen Meinungen gehört das Vorurteil, daß die Erziehung selbstverständlich Sache des Staates sei.

Zwar machen sich heute von der Seite des Wirtschaftslebens Forderungen an das Erziehungssystem geltend. Diejenigen, die in diesem Wirtschaftsleben heute leitend sind, beginnen ihre Meinungen darüber zu äußern, wie der junge Mensch, der von der Schule oder Hochschule kommt, beschaffen sein soll, damit er diesem Wirtschaftsleben am besten dienen könne. Es ist da die Rede von «Zuverlässigkeit», «Mobilität», «Verantwortungsfreudigkeit» usw., lauter ganz brauchbaren Eigenschaften, die von der Schule herangebildet werden sollen. Dazu das entsprechende Fachwissen.

Es wird dabei nicht im mindesten gefragt, ob dieses Wirtschaftsleben, das derart seine Forderungen beim Erziehungssystem anmeldet, überhaupt eine wünschenswerte Daseinsform hat. Man scheint in gewissen Kreisen anzunehmen, daß diese Form gut genug sei und daß der heranwachsende Mensch sich dieser Form auf alle Fälle anzupassen habe. Es wird gar nie die Frage aufgeworfen, ob nicht die Schule den jungen Menschen so heranbilden könne, daß seine wahrhaft menschlichen Veranlagungen zur Entfaltung kommen, und daß die so entfalteten Kräfte dann das Wirtschaftsleben umgestalten.

Aber das Erziehungswesen wird nicht besser, wenn es nach den Forderungen der Wirtschaftsorganisationen eingerichtet wird.

Es wird nur noch schlimmer.

Aber kann es wirklich noch schlimmer werden?

Es kommt nicht darauf an, daß da und dort Leute mit dem Schulsystem ihres Landes zufrieden sind, weil es sich in bestimmten eingefahrenen Bahnen bewegt. Solche Menschen merken gar nicht, wie diese Bahnen in den Abgrund der Zivilisation führen.

*

Wenn der Staat das Erziehungswesen verwaltet, so muß er an dieses Forderungen stellen, die gleichmachend, nivellierend wirken. Er kann letztlich gar nicht die individuellen Anlagen des Schülers anerkennen. Er muß Regeln festlegen, nach welchen «Leistungen» beurteilt werden.

Und da solche Regeln für das künstlerische und für das moralische Leben nicht aufgestellt werden können – ein vernünftiger Mensch müßte es doch als albern empfinden, wenn er im Jahreszeugnis eines Schülers liest: «Religion: befriedigend» –, so können solche Regeln und die daraus geforderten Schulprüfungen sich nur auf ein abfragbares Wissen beschränken. Aber dieses abfragbare Wissen ist ja gerade keine vollmenschliche Angelegenheit, sondern nur eine Seite, die, wenn sie allein gepflegt wird, in ihrer Einseitigkeit zur Schädigung der gesamten Menschennatur führt. Wenn dann «neben» dieser intellektuellen Erziehung noch «musischer» Unterricht angeordnet wird, so führt das nicht zu einer Besserung, sondern zu einer doppelten Verschlechterung, indem nämlich dem Künstlerischen jene sekundäre Zusatzrolle angewiesen wird, in der es nie und nimmer gedeihen kann. Alles Reden von «allgemeiner Menschenbildung» ist eitel, so lange der Staat das Schulwesen verwaltet. Denn der Staat kann als Erziehungsziel wirklich nur den brauchbaren Staatsdiener haben, der zu den staatlichen Verordnungen ein möglichst bedingungsloses «Ja» sagt. Und alle Einrichtungen des gegenwärtigen Erziehungswesens in den sogenannten zivilisierten Ländern dienen letztlich diesem Erziehungsziel, das nur durch Parteifärbungen etwas modifiziert wird.

Wer aber soll denn dann das Erziehungswesen verwalten?

Diejenigen, die lehren und erziehen.

Aber müssen diese nicht Beamte oder Angestellte des Staates sein?

Wehe ihnen und allem Erziehungswesen, wenn sie es sein *müssen!*

Denn sie können dann nie aus wirklich freier Einsicht pädagogisch handeln, sie müssen das unterrichten, was ihnen eine Behörde zu unterrichten vorschreibt, sie können sich in ihrem Tun nie auf eine frei erfaßte geisteswissenschaftliche Menschenkunde stützen, sie können nie sich zuerst an die Kindesnatur und an die Entwicklungsgesetze des werdenden Menschen wenden, sondern drohend steht vor ihren Augen das pflichtmäßig zu erreichende Lehrziel des Schuljahres, der Zwang, möglichst viele

Schüler zu diesem Lehrziel hinzubringen. Der Lehrer wird so zum unfreiesten Menschen.

Er, der als ein freier Mensch vor den Kindern stehen sollte.

Hier muß auf das vom Staat geschaffene Prüfungswesen hingewiesen werden.

Die erste Prüfung ist die Schulreifeprüfung. Man legt dem Kinde Zeichnungen vor, deren Unvollständigkeiten es ergänzen soll. Zwar wird ein gesundes Kind aus innerer Phantasiekraft heraus immer das Unvollständige zu einem Vollständigen erheben – weswegen das kleine Kind eine einfach und primitiv geformte Puppe bekommen soll und keine von den ästhetischen Scheußlichkeiten mit beweglichen Augen, echtem Haar usw. –, aber diese «Ergänzungen» nun durch die zeichnende Hand vollziehen zu lassen, ist ein Mißbrauch der Kindesnatur. Das Kind, das zur Schule kommen soll gegen das Ende des siebenten Lebensjahres, sollte noch gar nicht gelernt haben, die Dinge der Welt in gezeichneten Konturen zu erfassen, die – vom Unkünstlerischen ganz abgesehen – doch nur Abstraktionen von den unmittelbar gegebenen Sinneserscheinungen sind.

In all diesen Testproben kann man letztlich nur ein Zeugnis für das Unvermögen des Erwachsenen erblicken, der den pädagogischen Blick völlig verloren hat und diesen Verlust nun durch ein «wissenschaftliches» System wettmachen will, statt die in der eigenen Seele schlummernden Kräfte durch vernünftige Gedanken über das Kind aufzuwecken.

Dann kommt die Entscheidung, ob das Kind in einer «Volksschule» zu verbleiben hat oder ob es in eine sogenannte «Höhere» Schule aufsteigen darf. Eine solche Unterscheidung ist zunächst ein soziales Unding. Es schafft ein für das ganze Leben nachwirkendes soziales – nein, unsoziales – Werturteil einzig auf Grund der Beurteilung intellektueller Fähigkeiten. Dabei sollte für das in Frage kommende Lebensalter gerade das Intellektuelle noch gar keine Rolle spielen in Erziehung und Unterricht. Künftige Zeiten werden derartige Prüfungen als eine der allergrößten Versündigungen am Menschenwesen erblicken. Die weitaus meisten Krankheitsdispositionen des Erwachsenen hängen mit diesen ganz unnötigen Schulprüfungen zusammen. Wenn dann noch hinzukommt, daß von den Kindern, die zur Prüfung geführt werden, so und so viele von vorneherein dazu bestimmt sind, diese Prüfung *nicht* zu bestehen, weil in der «Höheren» Schule gar nicht so viele Schulneulinge aufgenommen werden können, dann steht neben dieser sozialen Sinnlosigkeit das ganze unermeßliche Leid des Kindes, das nun schamerfüllt vor einer Lebenssituation steht, die es letztlich gar nicht begreifen kann. Die Folge: eine Willenslähmung für das ganze Leben.

Persönlichkeiten, die solche Prüfungen anordnen und für notwendig halten, taugen am allerwenigsten zu dem heiligen Geschäft des Erziehens.

Und die «Reife»prüfung! Wäre die Hochschule, die Universität, wirklich dasjenige, was sie ihrem Wesen nach sein sollte, dann wäre es ein Leichtes, darüber zu urteilen, ob ein junger Mensch nach dem zwölfjährigen Besuch einer Schule eine weitere wissenschaftliche oder künstlerische Ausbildung seiner besonderen individuellen Fähigkeiten haben sollte. Statt dessen werden Prüfungseinrichtungen getroffen, die dem einseitig Befähigten das Hochschulstudium unmöglich machen und die einen verhängnisvollen intellektuellen Halbgebildeten heranzüchten.

Am Prüfungswesen zeigt sich die ganze Hilflosigkeit der Menschen, die es verwalten.

Wie könnte dies anders werden?

Zunächst einfach dadurch, daß der Staat das Erziehungswesen völlig unbeeinflußt läßt. Daß er sich mit seiner Aufgabe begnügt, die Rechtsverhältnisse zwischen Einzelmenschen und zwischen Menschengruppen zu verwalten. Daß er schrittweise – wenn es nicht dereinst unter den größten Katastrophen geschehen soll – das Erziehungswesen freigibt. Daß er nicht Grundgesetze macht, die ein freies Schulwesen von vorneherein unmöglich machen. Daß er ein freies Geistesleben selbstverständlich anerkennt.

Wer diesen Dingen widerstrebt, versteht die Zeichen der Zeit, die doch deutlich genug sprechen, nicht. Er befördert nur die andauernde schwere Erschütterung des Baues der menschlichen Gesellschaft.

Und wer von einem freien Geistesleben Anarchie fürchtet, der spricht sich selbst sein Urteil. Er gehört zu den Rückständigen, die nur auf Grund eines Befehles von oben dasjenige zu tun vermögen, was sie aus ihrer menschlichen Individualität heraus in Freiheit und Liebe tun könnten.

Von allen Einsichtigen aber muß angestrebt werden:

*Die freie Schule in einem freien Geistesleben!*

Erziehungsziel: Arbeitstüchtigkeit für die Menschengemeinschaft

# DER LEHRER ALS GEISTESSCHÜLER

«Die Natur macht aus dem Menschen bloß ein Naturwesen; die Gesellschaft ein gesetzmäßig handelndes; ein *freies* Wesen kann er nur *selbst* aus sich machen. Die Natur läßt den Menschen in einem gewissen Stadium seiner Entwicklung aus ihren Fesseln los; die Gesellschaft führt diese Entwicklung bis zu einem weiteren Punkte; den letzten Schliff kann nur der Mensch sich selbst geben.»

Mit diesen Worten charakterisiert Rudolf Steiner in seiner «Philosophie der Freiheit» den Menschen als leibliches, seelisches und geistiges Wesen. Das Leibliche kann als das Naturgegebene betrachtet werden. Als Seelenträger ist der Mensch ein Gemeinschaftswesen. Als Geistwesen ist er Individualität.

Weil dieses so ist, kann das Erziehungsziel gar kein anderes sein als der freie Mensch.

Aber da scheint ein Widerspruch vorzuliegen.

Wenn der Mensch nur *selbst* aus sich ein freies Wesen machen kann, dann kann dies ja nicht durch die Lehrer-, durch die Erzieherpersönlichkeit geschehen. Was kann also durch die Erziehung geschehen?

Die Antwort ist in den Worten Rudolf Steiners gegeben, die schon im zweiten Abschnitt dieses Buches genannt worden sind als Aufgabe und Ziel der Erziehertätigkeit: «... in dem aufwachsenden Menschen die Kräfte und Fähigkeiten zu erwecken, die er im weiteren Lebensverlauf braucht, um für die gegenwärtige Menschengemeinschaft Arbeitstüchtigkeit und für sich einen ihn stützenden Lebenshalt zu haben.» Also: «Kräfte und Fähigkeiten». Diese stehen im Zusammenhang mit der Pflege der naturgegebenen *Leiblichkeit*. «Arbeitstüchtigkeit für die Menschengemeinschaft.» Dazu muß der Mensch in seiner *Seele* das Bewußtsein vom anderen Menschen als Seelenwesen haben. Der «stützende Lebenshalt» besteht in dem Bewußtsein, daß ich mich als *Geistwesen* in der Wirklichkeit einer geistigen Welt gesichert wissen darf.

In diesem «stützenden Lebenshalt», der durch Unterricht und Erziehung begründet werden soll, ist der sichere Ausgangspunkt für eine wahre Selbsterziehung gegeben, durch welche der Mensch sich selbst zum freien Wesen machen kann.

Man muß in diesem Zusammenhang bedenken, daß es etwas wesenhaft Neues in der Menschheitsentwicklung ist, den stützenden Lebenshalt im Seelen-Inneren zu schaffen. Zu allen Zeiten waren diese stützenden Kräfte gewissermaßen von außen gegeben. Religion, gesellschaftliche Sitte, Gesetzesautorität und vieles andere gaben den Lebens- und Daseinshalt. Aber neue Kräfte machen sich im Menschenwesen geltend. «Es steckt in den Seelen der Menschen seit dem Beginne unseres Jahrhunderts, wenn auch noch so unklar, heute etwas, das sich ausdrückt in den Worten: ich möchte eine in mir selbst geschlossene Persönlichkeit sein. Gewiß, Viele wissen sich das nicht zu formulieren; es kündigt sich dann an in allerlei Unzufriedenheiten, in allerlei Haltlosigkeiten des Seelenlebens, aber es ist doch dieses: eine Persönlichkeit, eine geschlossene Persönlichkeit sein zu wollen» (Rudolf Steiner, Anthroposophische Gemeinschaftsbildung, Vortrag vom 3. 3. 1923).

Diese neue Situation verlangt auch Neues vom Lehrer und Erzieher. Denn was zur Begründung der Lebenshaltekräfte führt, kann nicht auf den Wegen des Intellektes erreicht werden. Das kann nur auf den Bahnen des Willens geschehen. Der Lehrer muß sich daher fragen: wie kann ich heute in richtiger Art die guten Kräfte meines Willens in mir verstärken? Denn die naturgegebenen Willenskräfte genügen nicht mehr.

Ich muß als Lehrer ein «Übender», ein «Meditant» werden.

Aber schon in diesem «muß» liegt eine Irrtumsmöglichkeit. Denn niemand kann mich dazu zwingen, eine Meditation zu machen. Niemand kann mich zwingen, auch nur die einfachsten Grundübungen des Denkens, Wollens und Fühlens, die Übungen der Positivität und der Unbefangenheit zu machen, welche doch die Voraussetzungen für jeden höheren Erkenntnisweg sind. Ich mache diese Übungen auch nicht, um irgendwie dadurch etwas «für mich» zu gewinnen. (Wenn irgendwo von einer Plakatsäule ein bärtiges Männerantlitz oder ein kindliches Vollmondsgesicht «Meditationen» anpreist, die zur Glückseligkeit führen, so kann das niemals als eine ernsthafte Sache angesehen werden.) Der echte Meditant übt nicht um seiner selbst willen, er tut es allein aus Liebe zur Tat, er tut es um der Welt willen, weil er zur Einsicht gekommen ist, daß im Menschen ein Geistesschatz ist, der verloren geht, wenn er nicht gepflegt wird. Aus dieser freien Einsicht heraus kommt die zunächst wirkliche, erste, freie Handlung, die Meditation.

So macht der Lehrer die ersten Schritte auf dem Erkenntnispfad.

So wird er zum Geistesschüler.

Als solcher erfährt er die schmerzhaften Erlebnisse der Selbsterkenntnis. Er geht durch bittere Seelenprüfungen. Aber er spricht nicht darüber. Kein Außenstehender nimmt die Veränderungen in der Seele des Geistesschülers wahr.

Aber der so Übende darf dann das Aufkeimen neuer Wahrnehmungsorgane in sich erleben. Als Lehrer kann er immer neue Beobachtungen an seinen Kindern machen. Er findet in der pädagogischen Situation leichter und sicherer den rechten Gedanken und das rechte Wort. Und wenn er seine übenden Gedanken immer wieder auf den Zusammenhang des Menschen mit dem Weltall lenkt, dann entstehen aus solchen Gedanken Gefühle, welche das Unterrichtsgeschehen durchheiligen. «Ohne daß wir solche Gefühle vom Menschen und Weltenall haben, kommen wir nicht dazu, ernsthaftig und richtig zu unterrichten. In dem Augenblick, wo wir solche Gefühle haben, übertragen sich diese durch unterirdische Verbindungen auf die Kinder» (R. Steiner, Allgemeine Menschenkunde, 10. Vortrag).

Hier liegen die Kernfragen der neuen Erziehungskunst. Das Nichtbeachten dieser Kernfragen – und wo wird in den öffentlichen Abhandlungen über Pädagogik auf solche Fragen eingegangen? – führt nur immer mehr zum Zerfall des Erziehungswesens und damit der gesamten Kultur.

So wird es der einsichtige Lehrer und Erzieher sich zur selbstgewählten und liebgewordenen Pflicht machen, den Weg der Geistesschülerschaft zu beschreiten.

# VON RUDOLF STEINER, DEM LEHRER UND ERZIEHER

Als Rudolf Steiner am 10. Juli 1884 in Wien das Haus des Kaufmanns Ladislaus Specht, Kolingasse 19, betrat, um dort sechs Jahre lang als Erzieher von den vier Knaben Richard, Arthur, Otto und Ernst zu wirken, sah sich der Dreiundzwanzigjährige vor eine Aufgabe gestellt, von der er wußte, daß große Ärzte und Pädagogen sie als absolut unlösbar bezeichnet hatten. Denn das dritte der Kinder Specht, Otto, der damals zehn Jahre alt war, galt nach dem Urteil aller, die ihn kannten, als gänzlich bildungsunfähig. Otto hatte einen ungewöhnlich großen Hydrocephalus. Jede Art von Lernen führte zu schweren Erschöpfungszuständen. Er konnte nicht lesen noch schreiben. Auf die erste Seite eines Schulheftes hatte er mit Tinte und Feder ungelenk ein Zeichen geschrieben und dann mit dem Radiergummi so lange herumradiert, bis alle Seiten des Heftes durchgerieben waren. Er wollte nicht an den gemeinsamen Mahlzeiten teilnehmen, sondern holte sich aus dem Abfalleimer der Küche Speisereste.

Die Eltern, Angehörige des höheren Bürgerstandes, waren untröstlich. Hatte doch selbst der Hausarzt, Dr. Breuer – es war derselbe, der mit Sigmund Freud die erste Schrift über Psychoanalyse herausgab – keine Aussicht auf eine seelische Gesundung des Knaben eröffnet. Der Vater hatte jeden Glauben an eine Heilung aufgegeben. Aber die Mutter liebte ihr Sorgenkind nicht minder als die drei gesunden Brüder.

Durch seinen väterlichen Freund und Lehrer Karl Julius Schröer, Professor für deutsche Literatur und Redekunst an der Technischen Hochschule in Wien, war Rudolf Steiner diese neue Erziehungsaufgabe vermittelt worden. Rudolf Steiners pädagogische Tätigkeit reichte bis in sein fünfzehntes Lebensjahr zurück. Als Schüler an der Oberrealschule in Wiener-Neustadt hatte er Mitschülern und jüngeren Schülern Nachhilfeunterricht erteilt. Gerne übertrugen ihm die Lehrer dieser Schule solche Aufgaben. Denn Rudolf Steiner war ein guter Schüler und in den Jahresberichten der Schule erschien sein Name immer unter der kleinen Zahl der «Vorzugsschüler».

Für Rudolf Steiner hatte dieses pädagogische Tun sehr viel bedeutet. Denn er nahm den Unterricht der Schule wie traumbildhaft auf. Erst im Weitergeben des Unterrichtsinhaltes an andere erwachte er für diesen

Stoff. Es war ein Prozeß des Selbst-Erringens, der ihn zu dieser Wachheit führte. Außerdem konnte er schon in jungen Jahren «praktische Seelenkunde» üben im Beobachten all der Schwierigkeiten, die sich bei diesem oder jenem Schüler beim Aneignen des Unterrichtsinhaltes ergaben.

Auch auf der Technischen Hochschule, die er seit Herbst 1879 besuchte, setzte Rudolf Steiner diese pädagogische Tätigkeit fort. Zunächst gab ihm diese Tätigkeit die einzige Möglichkeit des Lebensunterhaltes. Denn Rudolf Steiners Eltern waren nicht begütert. So mußte er sich als Student selbst seine Lebensmöglichkeiten schaffen.

Er gab Unterricht in Mathematik und Naturwissenschaften, aber auch auf Wissensgebieten, deren Kenntnis er sich erst selbst aneignen mußte, so z. B. Buchhaltung. Er lebte sich auf all diesen Gebieten gründlich in die wissenschaftlichen Zeitanschauungen ein und empfand oft sehr stark den Widerspruch zu dem in seiner Seele sich immer mehr ausgestaltenden Weltbild. Aber dankbar empfand er auch, daß ihn seine pädagogische Tätigkeit davor bewahrte, in irgend einer Art einseitig zu werden.

Und nun stand diese neue Aufgabe vor ihm, deren Lösung als aussichtslos bezeichnet worden war.

Drei Dinge machten es Rudolf Steiner möglich, diese Aufgabe dennoch zu übernehmen. In diesen drei Dingen liegen die Grundvoraussetzungen für alle pädagogische Tätigkeit.

Die erste Bedingung: Rudolf Steiner konnte seine neue pädagogische Aufgabe als eine schicksalsgegebene erkennen.

Das ist das allererste, was jeder Lehrer empfinden sollte: Ich bin für die Kinder da und die Kinder sind mir vom Schicksal zugesandt. Wir gehören zusammen. Einer lernt vom anderen. Das Kind erlebt den Lehrer als den Erfahrenen, Weltkundigen, der Lehrer das Kind als Himmels- und Geistesboten. Das Bindeglied zwischen beiden ist die Liebe zum Du, die selbstlos ist. Die Liebe des Lehrers zum Kinde stammt aus der Weisheit, die Liebe des Kindes zum Lehrer ist der Keim für künftige Willenstaten. Hinter dem Kind und dem Lehrer stehen die Mächte, die in Weisheit und Liebe die Schicksalsnetze weben.

Die zweite Bedingung: Rudolf Steiner erkannte, daß in dem Knaben, der mit so schweren Schicksalsvoraussetzungen seinen Erdenweg begonnen hatte, große Fähigkeiten schlummerten.

Jeder rechte Lehrer ahnt oder weiß, daß die ewige Individualität des Menschen, mag ihr der Erdenleib, welcher der Vergänglichkeit angehört, noch so sehr ein Hindernis zur Entfaltung und Offenbarung der in jedem Menschen veranlagten Himmelskeime sein, aus einem Weltbereich

An die Kräfte des Urbildes wendet sich der Erzieher.

kommt, in welchem Irrtum, Krankheit und Tod nicht walten. Hinter jedem Krüppel, hinter jedem Verbrecher steht das göttliche Urbild des Menschen, mag es durch sieben oder siebenzig Schleier verhüllt sein. Dieses Urbild möchte sich zum Dasein ringen. An die Kräfte dieses Urbildes wendet sich der Erzieher. Er weiß, daß «die Möglichkeit und Tatsächlichkeit der Erziehung» schon der unmittelbare Beweis für die geistige Wesenhaftigkeit des Menschen sind.

Mag das Bemühen scheinbar erfolglos sein, jede Bemühung schafft Keime, die im Zeitenlaufe reifen können. Der Lehrer muß das rechte Weltvertrauen haben bei seinem Tun.

Rudolf Steiner erklärte den Eltern Specht, daß er die Erziehung des kranken Knaben übernehmen würde, aber nur dann, wenn ihm bei dieser Erziehertätigkeit volle Freiheit gelassen würde. «Ich machte den Eltern den Vorschlag, mir die Erziehung zu überlassen. Die Mutter des Knaben brachte diesem Vorschlag Vertrauen entgegen, und dadurch konnte ich mir diese besondere pädagogische Aufgabe stellen.» («Mein Lebensgang»).

Das ist die dritte Bedingung, die volle Freiheit des Erziehers. Dazu gehört das Vertrauen, das dieser Freiheit entgegengebracht werden kann. Unfreiheit des Lehrers verhindert die Entfaltung der im Zögling schlummernden Menschenkräfte. Sie tötet Lebenskeime. Freiheit schafft Lebenskräfte.

*

Wer sollte, was nun folgte, besser schildern können als derjenige, der die schicksalhaft gegebene pädagogische Aufgabe aus Einsicht und in Liebe übernahm?

Rudolf Steiner berichtet darüber:

«Ich mußte den Zugang zu einer Seele finden, die sich zunächst wie in einem schlafähnlichen Zustande befand und die allmählich dazu zu bringen war, die Herrschaft über die Körperäußerungen zu gewinnen. Man hatte gewissermaßen die Seele erst in den Körper einzuschalten. Ich war von dem Glauben durchdrungen, daß der Knabe zwar verborgene, aber sogar große geistige Fähigkeiten habe. Das gestaltete mir meine Aufgabe zu einer tief befriedigenden. Ich konnte das Kind bald zu einer liebevollen Anhänglichkeit an mich bringen. Das bewirkte, daß der bloße Verkehr mit demselben die schlummernden Seelenfähigkeiten zum Erwachen brachte. Für das Unterrichten mußte ich besondere Methoden ersinnen. Jede Viertelstunde, die über ein gewisses dem Unterricht zugeteiltes Zeitmaß hinausging, bewirkte eine Beeinträchtigung des Gesundheitszustandes. Zu manchen Unterrichtsfächern konnte der Knabe nur sehr schwer ein Verhältnis finden.

Diese Erziehungsaufgabe wurde für mich eine reiche Quelle des Lernens. Es eröffnete sich mir durch die Lehrpraxis, die ich anzuwenden hatte, ein Einblick in den Zusammenhang zwischen Geistig-Seelischem und Körperlichem im Menschen. Da machte ich mein eigentliches Studium in Physiologie und Psychologie durch. Ich wurde gewahr, wie Erziehung und Unterricht zu einer Kunst werden muß, die in wirklicher Menschen-Erkenntnis ihre Grundlage hat. Ein ökonomisches Prinzip hatte ich sorgfältig durchzuführen. Ich mußte mich oft für eine halbe Unterrichtsstunde zwei Stunden lang vorbereiten, um den Unterrichtsstoff so zu gestalten, daß ich dann in der geringsten Zeit und mit möglichst wenig Anspannung der geistigen und körperlichen Kräfte ein Höchstmaß der Leistungsfähigkeit des Knaben erreichen konnte. Die Reihenfolge der Unterrichtsfächer mußte sorgfältig erwogen, die ganze Tageseinteilung sachgemäß bestimmt werden. Ich hatte die Befriedigung, daß der Knabe im Verlaufe von zwei Jahren den Volksschulunterricht nachgeholt hatte und die Reifeprüfung in das Gymnasium bestehen konnte. Auch seine Gesundheitsverhältnisse hatten sich wesentlich gebessert. Die vorhandene Hydrocephalie war in starker Rückbildung begriffen. Ich konnte den Eltern den Vorschlag machen, den Knaben in die öffentliche Schule zu schicken. Es erschien mir nötig, daß er seine Lebensentwicklung im Verein mit andern Knaben finde. Ich blieb als Erzieher in der Familie für mehrere Jahre und widmete mich besonders diesem Knaben, der ganz darauf angewiesen war, seinen Weg durch die Schule so zu nehmen, daß seine häusliche Betätigung in dem Geiste fortgeführt wurde, in dem sie begonnen war. Ich hatte da Veranlassung, in der schon früher erwähnten Art meine griechischen und lateinischen Kenntnisse fortzubilden, denn ich hatte für den Gymnasialunterricht dieses und noch eines andern Knaben in der Familie die Nachhilfestunden zu besorgen.

Ich muß dem Schicksal dafür dankbar sein, daß es mich in ein solches Lebensverhältnis gebracht hat. Denn ich erwarb mir dadurch auf lebendige Art eine Erkenntnis der Menschenwesenheit, von der ich glaube, daß sie so lebendig auf einem andern Wege von mir nicht hätte erworben werden können.

Mein Pflegling konnte durch das Gymnasium durchgeführt werden; ich blieb an seiner Seite bis zur Unter-Prima. Da war er so weit, daß er meiner nicht mehr bedurfte. Er ging nach absolviertem Gymnasium an die medizinische Fakultät, wurde Arzt und ist als solcher ein Opfer des Weltkrieges geworden. Die Mutter, die mir durch meine Tätigkeit für den Sohn zur treuen Freundin geworden war und die mit innigster Liebe an diesem Sorgenkinde hing, ist ihm bald nachgestorben. Der Vater hat schon früher die Erde verlassen.»

*

Es war im November des Jahres 1938.

Ich durfte zwei Wochen in einer Fremdenpension im Tessin verbringen. Eine kleine Gesellschaft von Erholung-Suchenden hatte sich zusammengefunden. Unter ihnen waren solche, die als Flüchtlinge ihre österreichische Heimat hatten verlassen müssen. Eine schöne Menschlichkeit waltete in dem Kreis der Gäste. Niemand verargte es mir, daß ich aus einem Lande kam, das in diesen Tagen die dunkelsten Geschehnisse seiner Geschichte erlebte. Das Entsetzen darüber bedrückte uns alle gemeinsam.

Ich wurde aufgefordert, über ein anthroposophisches Thema zu sprechen. Einige der Zuhörer vernahmen dabei zum ersten Male das Wort «Anthroposophie».

Nach dem Vortrag trat eine alte Frau – sie war aus Wien – auf mich zu und sagte:

«Sie haben da in Ihrem Vortrag immer von einem Rudolf Steiner gesprochen. Sagen Sie, war der einmal in Wien gewesen?» – «Ja.» – «Wissen Sie, ob der einmal bei einer Familie Specht in Wien gewesen war?» – «Freilich war er dort gewesen, mehr als sechs Jahre lang.» – «Was Sie nicht sagen! So ist also der Rudolf Steiner, von dem Sie in Ihrem Vortrag so Großartiges gesagt haben, der gleiche, der im Haus Specht den kranken Buben gesund gemacht hat?» – «Ja, das ist derselbe.»

Und dann erzählte die alte Frau mit unbeschreiblicher Bewunderung, wie sie in ihren jüngeren Jahren eine gute Bekannte der Familie Specht in Wien gewesen sei und wie es zu ihren unvergeßlichen Lebenseindrücken gehöre, daß damals ein junger Student – ja, Rudolf Steiner hat er geheissen – einen kranken Buben, der für unheilbar gegolten habe, durch seine Erziehung gesund und lebenstüchtig gemacht habe. Von Rudolf Steiners Lebenswerk hatte sie aber bis zu dieser Stunde nicht das Geringste vernommen.

«Ja, ich hab mir manchmal gedacht, was aus dem wohl geworden sein mag», sagte sie in dem liebenswürdigen Wiener Dialekt. Und ich konnte nur sagen:

«Er ist der große Menschheits-Lehrer geworden.»

# LITERATURHINWEISE


*Rudolf Steiner*

Die Philosophie der Freiheit, 13. Aufl. Dornach 1973.

Theosophie, 29. Aufl. Dornach 1973.

Wie erlangt man Erkenntnisse der höheren Welten? 22. Aufl. Dornach 1975.

Die Geheimwissenschaft im Umriß, 28. Aufl. Dornach 1968.

Die Erziehung des Kindes vom Gesichtspunkte der Geisteswissenschaft. Einzelausgabe, Dornach 1976.

Allgemeine Menschenkunde als Grundlage der Pädagogik, 7. Aufl. Dornach 1973.

Erziehungskunst. Methodisch-Didaktisches, 5. Aufl. Dornach 1974.

Von Seelenrätseln, 4. Aufl. Dornach 1976.

Die Kernpunkte der sozialen Frage in den Lebensnotwendigkeiten der Gegenwart und Zukunft, 6. Aufl. Dornach 1976.

Mein Lebensgang, 7. Aufl. Dornach 1962.

Die pädagogische Grundlage und Zielsetzung der Waldorfschule. Dornach 1969.

*Frans Carlgren / Arne Klingborg,* Erziehung zur Freiheit, 2. Aufl. Stuttgart 1973.

*Gerbert Grohmann,* Die Pflanze, Band I, 5. Aufl. Stuttgart 1975.

– Über Blütenpflanzen, Band II, 2. Aufl. Stuttgart 1970.

*Rudolf Grosse,* Erlebte Pädagogik, 2. Aufl. Dornach 1975.

*Louis Locher-Ernst,* Urphänomene der Geometrie, Zürich 1937 (vergriffen).

– Raum und Gegenraum, 2. Aufl. Dornach 1970.

*Hermann Poppelbaum,* Mensch und Tier, 7. Aufl. Dornach 1975.

*Albert Steffen,* Gedichte. Dornach 1931 (z. Zt. vergriffen).